U0256726

神奇教授的科学笔记

生命起源

加拿大魁北克出版社 编著　唐靖 译

云南出版集团　晨光出版社

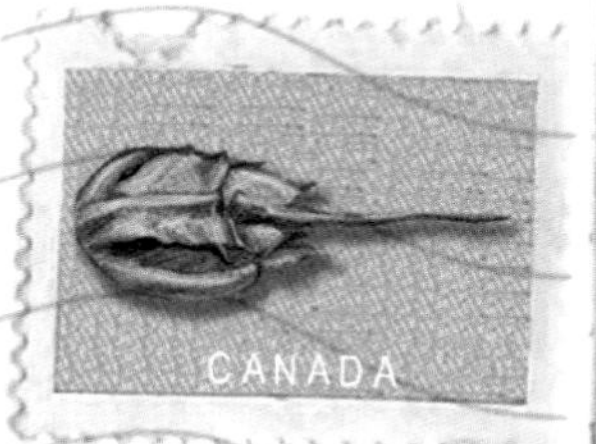

图书在版编目（CIP）数据

生命起源 / 加拿大魁北克出版社编著；唐靖译 . —
昆明：晨光出版社，2022.3
（神奇教授的科学笔记）
ISBN 978-7-5715-1322-1

Ⅰ. ①生… Ⅱ. ①加… ②唐… Ⅲ. ①生命起源－少
儿读物 Ⅳ. ① Q10-49

中国版本图书馆 CIP 数据核字（2021）第 222423 号

Mon album de la vie - Professeur Génius
is created and produced by QA International
7240, Saint-Hubert Street
Montréal (Québec) Canada
H2R 2N1
Tel. : + 1.514.499.3000
Fax : + 1.514.499.3010
www.qa-international.com

著作权合同登记号 图字：23-2021-164 号

SHENQI JIAOSHOU DE KEXUE BIJI SHENGMING QIYUAN

神奇教授的科学笔记

生命起源

加拿大魁北克出版社 编著　唐靖 译

出 版 人　杨旭恒

项目策划　禹田文化
项目统筹　孙淑婧
责任编辑　李　政　常颖雯　韩建凤
版权编辑　张静怡
项目编辑　张　玥
装帧设计　张　然

本书中除了阿尔贝·雅卡尔先生和致谢中提到的人外，其他与神奇教授有来往的人物都是虚构的，如有雷同，纯属巧合。教授收藏的报纸文章，旧信件，书籍和杂志都是本书作者想象力的产物，但是这些资料所包含的事实都是千真万确的。我们创造了神奇教授这样一个人物，是为了能把故事讲得更有趣生动。

出　　版　云南出版集团 晨光出版社
地　　址　昆明市环城西路 609 号新闻出版大楼
邮　　编　650034
发行电话　（010）88356856　88356858
印　　刷　凸版艺彩（东莞）印刷有限公司
经　　销　各地新华书店

版　　次　2022 年 3 月第 1 版
印　　次　2022 年 3 月第 1 次印刷
I S B N　978-7-5715-1322-1
开　　本　230mm × 254mm　12 开
印　　张　6
字　　数　120 千字
定　　价　59.80 元

退换声明：若有印刷质量问题，请及时和销售部门（010-88356856）联系退换。

亲爱的神奇教授：

这本书实在是太精彩了！书中的内容十分吸引人，而且引人深思。它以一种既现实又诗意的方式将人类的故事娓娓道来，整个故事并不局限于我们对它的构想，因为即便是创造新生命的卵子和精子，其本身也是一种生命，也有自己的故事和开端。我们要如何才能追溯到生命的源头呢？当我们去追溯这段历史时，需要跨越巨大的时间鸿沟，把目光放到最遥远的过去，甚至"宇宙大爆炸"时期。在那短短的一瞬间，宇宙爆炸了，空间、物质和时间由此诞生，这一切是多么不可思议啊，简直让人无法想象！

亲爱的朋友，在这本书里，你讲述了地球上自生命诞生以来的故事。在过去的 35 亿年中，大自然一直展现着惊人的创造力，但这种创造力在人类出现后达到了顶峰。人类为地球增添了无限的魅力，让生命的故事更加绚烂，因为人类从不屈服于大自然，也不仅仅满足于"活着"和物质生活，而是有着更高的精神追求。要知道，意识比生命更神秘，它主导我们去做出选择。看清过去，才能更好地看清未来。因为有意识，所以人类的未来取决于我们自己。神奇教授，我要向你说声谢谢，你的这本书为我们指明了前进的方向。

阿尔贝·雅卡尔

于巴黎

© Pierre St-Jacques

我的朋友阿尔贝·雅卡尔是当今时代最伟大的人文主义者之一，这位法国科学家还是著名的社会活动家和作家。他对生命意义的反思促进了我们的思考，提升了我们的集体意识。

献给翻开这本书的你……

大约在46亿年前，一颗名为太阳的恒星诞生了。太阳与行星及其卫星、小行星、彗星、流星和行星际物质构成了如今的太阳系。这其中，有一颗岩质行星名叫地球，正是在这颗星球上上演了有史以来最为精彩的生命奇观。大约在38亿年前，最初的生物拉开了这一奇观的序幕。很快地，数十亿种生物也陆续踏上了这场非凡的旅程：鱼类、植物、两栖动物、昆虫、爬行动物、鸟类和哺乳动物……

地球上的生命是如何诞生的呢？我们今天所看到的数十亿种生命，它们究竟起源于何处？又是如何进化演变的呢？亲爱的读者朋友，人类自古以来就在苦苦追寻这些问题的答案。哲学、宗教和科学对这些问题都各有解读，它们甚至彼此矛盾，但组合在一起却又是那么和谐。

你们都知道我酷爱科学，所以你们肯定能理解，我为何会去钻研古往今来的科学家们眼中的生命故事。这些年来，我收集了关于这一主题的大量资料，其来源包括报纸、杂志、书籍和照片等，现在，我把这些资料做成了这本笔记，想要分享给你。但请记住，没有永恒不变的真理，真理会随着我们对世界认知能力的提高而改变。生命的故事将不断被改写，也许未来某一天，会由你来改写呢！

祝你阅读愉快！同时，不要忘了永葆好奇心，并拥有一双善于发现大自然美的眼睛。

神奇教授

目录

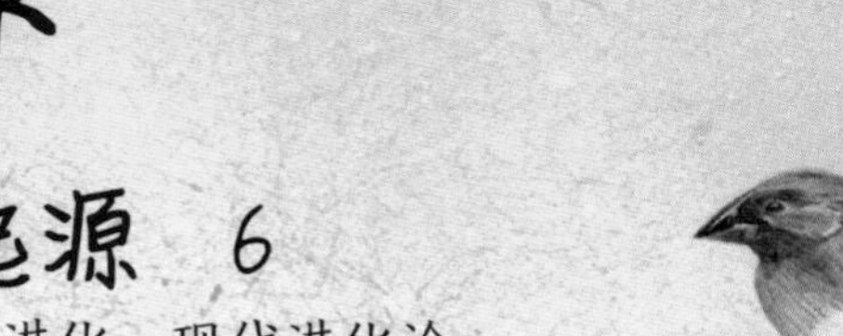

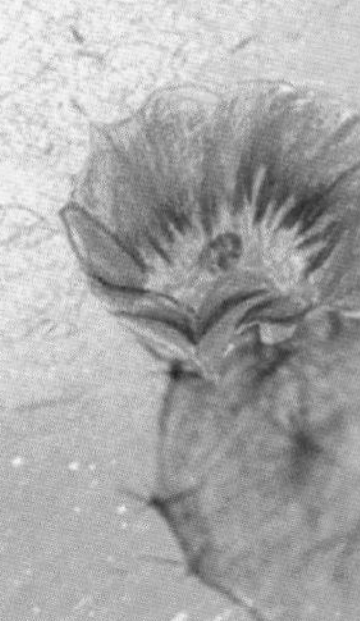

生命的起源

生命起源于哪里呢？

生命起源于哪里呢？朋友们，这也许是我们思考过的最迷人的问题，它让人无比神往。几乎全世界所有文化里，都有关于生命起源的传说。我必须承认，我尤其钟爱澳大利亚土著阿兰达人的一则传说。他们认为，有一种神奇生物一直在地下沉睡，到了“梦幻时代”（即时间的起点），这种生物慢慢苏醒了，它们爬到了地球表面，生命就这样诞生了。多么富有想象力呀！自古以来，科学家们就致力于探索人类的起源，在讨论今天我们所知道的生命故事之前，我们先来看一些在科学史上非常重要的人物和相关理论。

这幅作品是澳大利亚土著人刻在洞穴岩壁上的，其历史大约可追溯到公元前2万年，它所呈现的就是土著人眼中“梦幻时代”的生物。

自然发生说

古人们认为，青蛙和蛇是从泥土里生出来的，竹子能生出蚜虫，垃圾和汗水会滋生苍蝇……这种认为从非生命物质里能产生生命物质的学说，就是“自然发生说”。尽管这听上去很荒谬，但在过去的很长一段时间，人们对此都深信不疑。直到17世纪时，才有少数科学家提出了质疑，从那以后，人们就不停地争论，形成了反对派和拥护派两个阵营。来看看下面这份无比珍贵的报纸摘录吧！这段摘录来自1668年的一份报纸，是我的古董商朋友皮埃特罗·达斯托给我的。从这份摘录中，我们将认识两位那个时代的标志性人物——扬·巴普蒂斯塔·范·海尔蒙特和弗朗切斯科·雷迪。

《佛罗伦萨自由思想者》1668年11月22日

雷迪与范·海尔蒙特之争

布鲁塞尔的内科医生、化学家扬·巴普蒂斯塔·范·海尔蒙特宣称，在花瓶里装满小麦，再用被汗水浸泡过的衬衫密封瓶口，21天后就能生出老鼠。然而，生物学家弗朗切斯科·雷迪在本周早些时候证明了这种“生老鼠配方”是十分荒谬的。据可靠消息称，雷迪用8个罐子装不同的肉，其中4个敞口、4个密封。他注意到只有敞口的罐子里长出了蛆虫，应该是苍蝇在里面产的卵。因此，雷迪证明了生命并不是像范·海尔蒙特先生声称的那样是自然产生的。

在19世纪时，两个法国人——菲利斯·阿奇曼德·波却与路易斯·巴斯德之间也爆发了一场著名的科学论辩。波却支持“自然发生说”，而巴斯德却相信只有生命才能衍生出生命。为了证明这一点，巴斯德做了一系列实验，实验表明，在密闭空间里出现的任何生命都是细菌通过空气传播引起的。1864年，巴斯德在巴黎索邦大学的一次会议上公布了他的实验结果。巴斯德成功地说服了来听他演讲的公众，从而结束了“自然发生说”引发的争论。

路易斯·巴斯德（1822—1895）

历史上关于生命起源论存在许多争议，尤以科学家之间的争论为标志。有时候，这些争论是基于宗教考虑的。别忘了，信仰关乎一个人内心的自我价值，任何一个人的信仰遭受到质疑都会给他带来巨大的痛苦。我曾就这个问题咨询过朋友卡迪纳·布克曼，下面是他的回复。

亲爱的神奇教授：

关于世界起源，有着许多不同版本的故事。基督教的《创世纪》讲的是上帝造物的故事；而中国的神话传说《盘古开天辟地》同样讲了关于天地诞生的故事。与此类似，全世界不同国家、不同民族、不同宗教关于生命起源的故事还有很多，这些故事都非常神奇。如今，一些非常著名的科学家也是宗教信徒，他们认为科学与宗教可以并存。在我看来，科学研究能提供一种很有趣的视角，完全可以跟宗教信仰并行、结合。我们必须尊重每个人的信仰和选择。

顺便说一下，今年秋天，我会去趟蒙特利尔。如果你欢迎我去你家的话，我正好可以给你看一些我从梵蒂冈图书馆看到的珍贵文献。

你真诚的朋友

卡迪纳·布克曼

这幅油画是意大利著名画家雅格布·罗布斯蒂（又名丁托列托）在1550年绘制的。它描绘的正是《创世纪》中的故事。

泛种论或生物外来论

在 19 世纪时，一种解释地球生命起源的新理论，即所谓的泛种论出现了。该理论认为，生命源于地外。其最大支持者之一是一位名叫赫尔曼·里希特的德国人，他在 1865 年宣称生命来自太空，这些微小生命粒子埋藏在陨石里，被陨石带到了地球上，就像“播种”一样，生根发芽，逐渐壮大。还有一些著名科学家也支持这一学说，比如瑞典化学家、诺贝尔化学奖得主斯凡特·阿伦尼乌斯。我的好朋友皮埃特罗·达斯托慷慨地借给了我一份文件（如右图所示），正是这位著名化学家某页日记的翻译件。来读读吧，对于他的那些颇有创意的想法，你是怎么看的呢？

斯凡特·阿伦尼乌斯
（1859—1927）

我确信，许多科学家在研究地球生命起源这个问题上陷入了歧途。但我也不认可里希特先生的看法，我认为在宇宙中漫游的细菌才是生命的源头，这些细菌靠恒星发出的光线来到了地球。要不了多久，我就会公开宣布这个观点。

斯凡特
1902 年 12 月

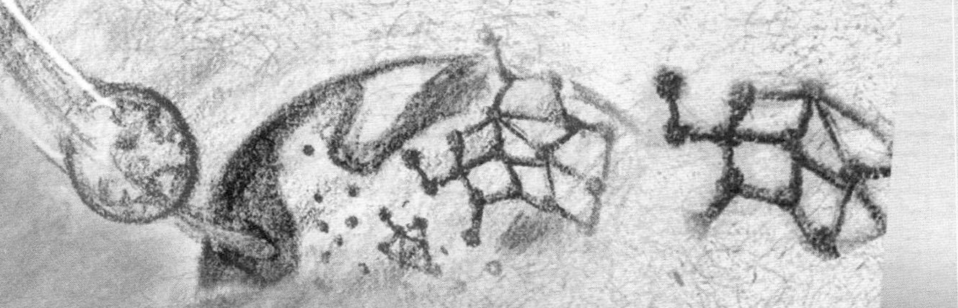

亲爱的神奇教授：

我哥哥跟我说，宇宙中的彗星和尘埃里有生命，这是真的吗？

斯蒂芬妮

我把斯蒂芬妮提出的这个问题转交给了我的一个好朋友——伊热·斯贝斯博士，他是一位天体物理学家，我想请他来回答这个问题。

在默奇森发现的陨石

亲爱的朋友：

我收到了斯蒂芬妮提出的这个问题，应你的邀请，我来回答下吧！迄今为止，射电天文学家（即研究恒星发出的射线的科学家）在宇宙中已经发现了 50 多种有机分子，有机分子就是生物体内存在的化合物。此外，科学家们也在研究从宇宙落到地球表面的陨石，比如 1864 年落在法国奥尔居埃、1969 年落在澳大利亚默奇森的陨石。科学家们经过研究发现，这些来自宇宙的陨石里也含有有机物。不过，虽然有机分子是生物的组成成分，但这些有机分子本身并不具有生命。尽管我和我的同行们都做了很多努力，但我们仍未发现任何外星生命存在的证据。咱们保持联络，有新消息我会及时告诉你的，请代我转达对小读者们的真挚问候。

伊热

化学起源说

在 20 世纪 20 年代，苏联科学家亚历山大·伊万诺维奇·奥帕林和英国科学家约翰·霍尔丹认为，生命源于地球早期大气层里发生的化学反应。他们所提出的这一理论可以简述如下：

太阳光的能量
+ 雷电里的电能
+ 大气层里的气体

= 生命前体分子

生命前体（即生命出现之前）分子随雨水降落到地球表面，形成了水塘，这就是科学家们所说的“原始汤”。正是在这种“原始汤”里孕育出了地球上最初的活细胞。为了能形象地描述科学家们的这一观点，我画了一幅简单的示意图供你们参考。

1953 年，芝加哥大学的学生斯坦利·米勒想验证奥帕林和霍尔丹的观点是否正确。他在实验室里设计了一个用玻璃瓶（比如烧瓶、长颈瓶等）和管子连成的装置，并向其中加入了甲烷、氢和氨（原始大气中的气体）、水（模拟海洋）、电（模拟雷电），用来模拟地球的原始状况。实验结果显而易见：一周后，真的出现了大量的有机分子。

这就是著名的米勒实验中所用到的装置。

虽然我们知道地球原始大气中的气体可能与米勒实验中模拟的有所差异，但这并不能排除生命是由这类化学反应产生的这一可能性。尽管各个领域的科学家都付出了巨大的努力，但还是没有人能成功地再造细胞——它是每个生命系统最基本的结构单元。因此，生命的起源至今仍是个未解之谜。如你所知，对某件事物存在不解并不会困扰我，相反，我觉得这种神秘感让生命变得更加迷人了。

生命的旅程

每种关于生命诞生的理论都会提出一系列全新的问题。无论说生命诞生于“原始汤”中，还是从天而降，最基本的问题始终存在着——生命究竟是如何进化为复杂的植物和动物的呢？针对这个问题，许多思想家和科学家都提出了一些见解，有些见解还相当大胆。下面提供的这篇文章，是我最喜欢的专栏作家伊察·梅津写的。

难以置信的真相！

身体各部位都能移动的生物！

伊察·梅津 / 文

希腊哲学家、内科医生恩培多克勒认为，泥巴的内部被火焰加热后能产生生物的某些器官，比如没有头的眼睛、没有身体的四肢和没有躯干的腿，这些器官偶然聚到一起，会组成一些奇奇怪怪的生物，比如长着牛头的人类、长着鹈鹕喙的长颈鹿。只有器官组合得恰到好处的生物才能活下来，而那些组合不当的奇怪生物则注定无法存活。

摘自《大众科学》2015 年 1 月刊

在 18 世纪，有两个阵营互相对立：一方认为所有的物种在诞生之初，其样貌就已经定型了，不再有任何改变；另一方则认为物种存在进化，它们的样貌会随着时间的流逝而发生改变。我在这里列举的这三位科学家都是那个时代的重要人物，影响深远。

布丰伯爵（1707—1788）

法国的布丰伯爵（全名为乔治-路易·勒克莱尔）是最早支持生物进化论的科学家之一。但他的做法惹怒了教会，教会认为他的观点是反宗教的，因为教会坚定地认为，生物自创造以来就没再改变过。布丰伯爵倾尽毕生心血创作了博物学巨著《自然史》，这是一部很有参考价值的百科全书式著作。全书共 44 卷，前后历时 55 年，其中在 1749 年到 1788 年间出版了 36 卷。下面的这张图就是《自然史》的扉页，这件无价之宝是在巴黎的一家古董店里被发现的。

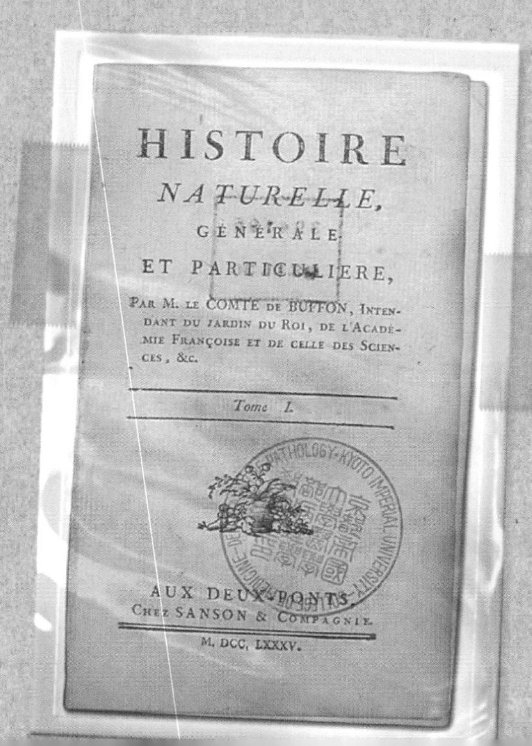

HISTOIRE
NATURELLE,
GÉNÉRALE
ET PARTICULIERE,
PAR M. LE COMTE DE BUFFON, INTENDANT DU JARDIN DU ROI, DE L'ACADÉMIE FRANÇOISE ET DE CELLE DES SCIENCES, &c.
Tome I.
AUX DEUX-PONTS,
CHEZ SANSON & COMPAGNIE.
M. DCC. LXXXV.

这位是法国人让·巴蒂斯特·皮埃尔·安托万·德·莫纳，即拉马克骑士。拉马克骑士在 1809 年出版了《动物学哲学》一书，他在书中宣称，所有的动物都是从同一个祖先进化而来的。可以说，拉马克是真正意义上最先提出物种进化论的人。下面这部分内容是对拉马克理论的简要描述。

拉马克骑士（1744—1829）

拉马克的进化论

在拉马克看来，生物之所以会进化是为了能更好地适应生存环境。拉马克称，频繁使用某一特定器官会使其变得更强壮；而一个器官如果长期不怎么使用则会逐渐变弱，最终消失，这就是他所提倡的“用进废退”原则。为了验证这一理论，聪明的拉马克以长颈鹿为例进行论证。生活在大草原上的长颈鹿必须不停地伸长脖子，才能吃得到树叶，拉马克认为正是这一习惯使长颈鹿的腿和脖子逐渐变长，因此才能够得着离地面 6 米高的树叶。随后，进化出了长脖子的长颈鹿会把这一特征遗传给后代。

摘自《生物史》第 12 页

如果物种真的是按拉马克所提出的理论来进化的话，那么奥运会运动员的后代应该都十分强壮。但事实并非如此。拉马克的这个新理论让国王、宗教和同时代的科学团体都十分不满，但却极大地推动了物种进化论的发展。

与布丰伯爵和拉马克骑士相反，法国人乔治·居维叶认为物种从未发生改变。他还认为，在地球的不同时期，许多大型自然灾害导致许多物种灭绝了。众所周知，居维叶的这个观点并非一无是处。在本书中，我们将看到生命史上的几次大灭绝，在每一场浩劫中，都有许多物种永远地消失了。希望这本书能让你明白，过去的旧观点不一定是完全错误的。

乔治·居维叶（1769—1832）

如果有机会去巴黎，你一定要去参观法国国家自然历史博物馆。刚才提到的这几位著名科学家——布丰伯爵、居维叶和拉马克骑士，都曾在那里工作过。如今，该博物馆的展厅对所有人开放，而且展厅、实验室、花园都很有特色。博物馆里还有个很棒的图书馆，每次去巴黎时，我都喜欢去那里逛逛，沉浸在书海里。

到了 19 世纪，大不列颠岛上刮起了改革之风。这场新思潮活动的引领者就是现代进化论之父——查尔斯·达尔文。

进化

物种在不同的地质年代里经历了一系列变化，形态发生了改变。

科学家简介

查尔斯·罗伯特·达尔文（1809—1882）

1809 年 2 月 12 日，查尔斯·罗伯特·达尔文出生在英国小城什罗普郡郡治。他最初学医，但讨厌解剖，也不忍心看病人忍着巨大的痛苦在没有麻醉的情况下做手术。后来，达尔文去剑桥大学学习神学，但他发现，相比成为牧师，自己对自然科学的兴趣要大得多。在植物学教授兼朋友约翰·史蒂文斯·亨斯洛的帮助下，达尔文以植物学家和地质学家的身份登上了英国皇家海军“贝格尔号”军舰，于 1831 年 12 月 27 日开始了一场为期 5 年的环球考察。

摘自《科学家简介》第 33 页

主题：一则趣闻

日期：2014 年 9 月 17 日

收件人：神奇教授

亲爱的神奇教授：

不知道你那本讲述生命起源故事的书进展如何？我给你讲个有趣的故事吧，希望你能把它写进书中。你知道吗？达尔文差点就失去了登上“贝格尔号”的机会，因为这艘船的船长罗伯特·菲茨罗伊坚信自己可以根据一个人的外貌来判断其性格。这位船长觉得达尔文的鼻子又短又小，这意味着他精力不足、缺乏毅力。幸好，事实证明船长错了，达尔文的鼻子“骗”了船长。这对我们整个科学界来说，都是莫大的幸事啊！

布兰斯顿大学科技史系主任

弗兰克·布莱特曼

这是一张 1837 年的地图，它标注了达尔文那次奇妙的环球航行的路线。这张地图是我的古董商朋友皮埃特罗·达斯托送给我的。地图的作者不详，但我认为这很可能就是达尔文本人绘制的。

达尔文的主要行程

1. 巴西
2. 阿根廷
3. 合恩角
4. 加拉帕戈斯群岛（科隆群岛）
5. 太平洋
6. 新西兰
7. 澳大利亚
8. 印度洋
9. 好望角

贝格尔号

在环球航行中，达尔文写下了厚厚的笔记，还收集了近4000种不同生物的标本，并把看到的一切都画了下来。加拉帕戈斯群岛的雀类尤其吸引他的注意。虽然这些鸟看起来长得很像，但它们喙的形状各有不同，有的喙又短又宽，有的喙又长又尖，这主要与它们的栖息地不同有关。达尔文通过观察发现，这些不同的雀类其实都是从同一个物种进化来的。在“贝格尔号”结束航行23年后，达尔文于1859年11月24日出版了这部非同凡响的《物种起源》。第一批印刷出来的1250册在第一天就被销售一空。右边这部分内容是对达尔文进化论的简要介绍。

素食树雀（以嫩芽和树叶为食）

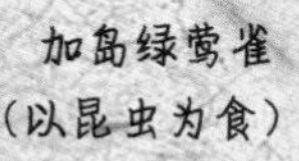

加岛绿莺雀（以昆虫为食）

仙人掌大嘴地雀（以种子为食）

达尔文的进化论

同一个物种的所有个体并非完全相同。为了适应特定的环境，有些个体会拥有一些特殊优势。以长颈鹿为例，脖子较长的长颈鹿更容易吃到树顶上的叶子，而那些脖子较短的长颈鹿则会因为营养不良而死掉。脖子最长的长颈鹿在种群中繁衍，将这种优势遗传给了下一代。就这样，随着时间的流逝，适应环境的新物种出现了，不适应环境的旧物种被淘汰掉了。达尔文将这种由自然来选择适应能力最强的物种生存的现象称为“自然选择”。

摘自《生物史》第22页

对于教会和科学团体来说，《物种起源》就像炸弹那样劲爆。因为根据达尔文的观点，人类是猿的近亲。据说，伍斯特主教的妻子在读过达尔文的书后感到很震惊，她说：“想不到我们人类竟然是猿的后代，亲爱的，但愿这不是真的，如果是真的，希望不要让大家知道。”

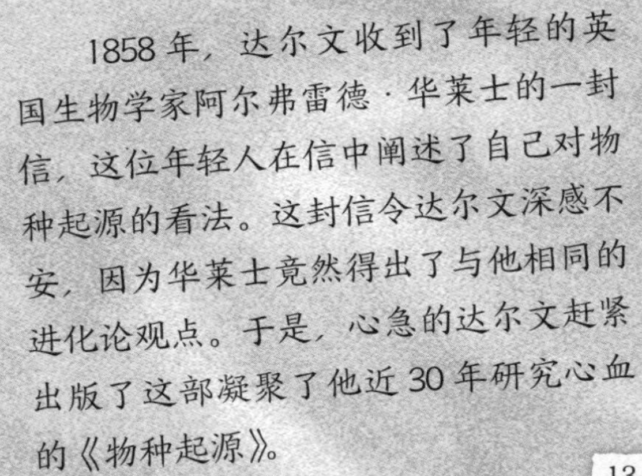

1858年，达尔文收到了年轻的英国生物学家阿尔弗雷德·华莱士的一封信，这位年轻人在信中阐述了自己对物种起源的看法。这封信令达尔文深感不安，因为华莱士竟然得出了与他相同的进化论观点。于是，心急的达尔文赶紧出版了这部凝聚了他近30年研究心血的《物种起源》。

支持进化论的证据

达尔文的进化论非常精彩，但它的解释还不够全面、详细。科学家们非常严格，仅凭理论是无法让他们满意的，需要证据才能说服他们。我想你应该也有这样的要求，所以，我在这里列举了一些支持进化论的证据供你参考。

证据一：遗传学

在20世纪时，一门叫作遗传学的新学科逐渐兴起。对达尔文来说，遗传学就像救星一样，它能清楚地解释为何个体之间存在差异，比如有的长颈鹿脖子长，有的长颈鹿脖子短。遗传学的原理相当复杂，解释起来挺费劲的，所以我就简单介绍下吧。每个生物体内的细胞都含有自己的“制造代码”，其外形是长长的链状结构，看上去就像是螺旋形的阶梯，被称为DNA（脱氧核糖核酸的缩写）。在生育的过程中，父母将自己的DNA复制给后代，所以孩子看上去长得很像父母。但有时候，DNA也会发生一些小变化，科学家称其为“基因突变”。基因突变会让个体拥有一些新特征，比如长颈鹿的脖子变长了。读到这里时，你应该还看得懂吧？基因突变后的个体又会将新特征遗传给后代。就这样，一代又一代，基因突变不断累积，经过数千年后，最初发生基因突变的后代就可能变成了一个新物种。道理就是这么简单！达尔文的进化论和遗传学研究的结合又衍生出了一种新的进化论——新达尔文主义。

你是不是对DNA分子的模样很好奇？瞧，我已经把它画出来了。1953年，生物学家詹姆斯·沃森和弗朗西斯·克里克发现了DNA的双螺旋结构。这些“阶梯”中不同颜色的色条对应不同的化学分子，这些分子在DNA双链上的排列顺序很重要，它们决定了一个生物的手指是分开的还是有蹼的、嘴巴是钩状的还是尖尖的……是不是很有趣？

证据二：胚胎

1866 年，动物学家恩斯特·海克尔（1834—1919）观察到，不同动物的胚胎发育到某些阶段时看上去非常相似。很不可思议吧？看看右边这些图，你或许就能明白了。如图所示，蝾螈、鸡、猪和人类的胚胎在生长的某个阶段都长有某种鳃，对大多数脊椎动物来说都是如此（在我画的插图中，鳃是隐藏在颈部的）。对鱼类而言，这些早期的鳃会进一步发育，但对于鸟类和哺乳动物这些有肺的动物来说，鳃则会慢慢消失。恩斯特·海克尔的观察结果也证实了达尔文的进化论，因为它表明，人类所属的脊椎动物，均是从同一个祖先进化而来的。

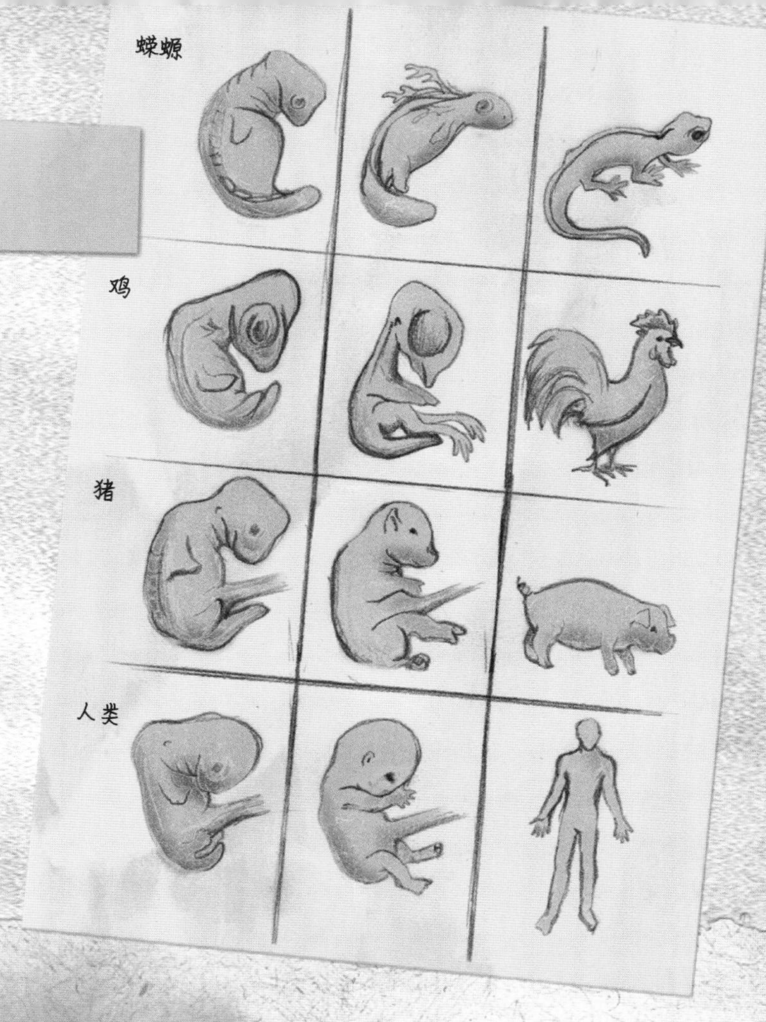

证据三：相似性

乍一看，你会觉得老鼠的爪子、蝙蝠的翅膀和人的手掌没有什么相似的地方。但请仔细观察下面这三幅图，即使它们的前肢看上去并不一样，但骨骼却都是以相同的方式连在一起的。这难道还不能说明，老鼠、蝙蝠和人类可能是从同一个祖先进化而来的吗？

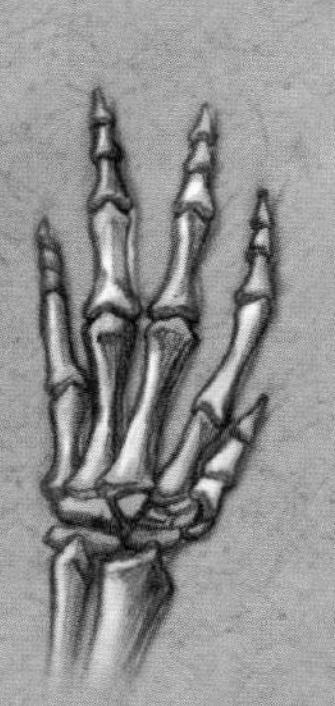
老鼠的爪子

蝙蝠的翅膀

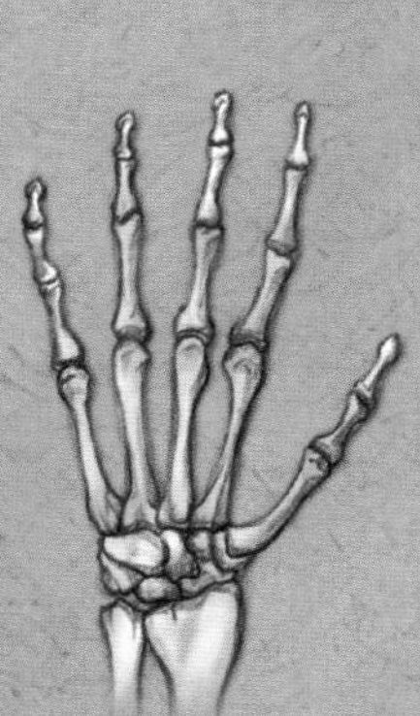
人类的手掌

如你所见，物种的进化是非常复杂的。别忘了，物种的进化史已经长达数亿年了，迄今为止，还没有人能详细地解释这一过程。关于达尔文的进化论，除了日本科学家木村资生和美国科学家史蒂芬·杰·古尔德做了微小改动外，如今大多数科学家都接受了这一理论。

探索生命

生物分类

每当新年开始时，我都觉得很有必要对收集的资料进行分类，把它们整理得井井有条。我会把报纸、期刊和百科全书里的摘录，以及所有散落在我桌子上的东西都进行归纳整理。这种想把所有东西都归类整理的需求是再普通不过的了。井井有条的秩序能让我们以新的方式来看待事物，有助于我们更好地理解它们。从17世纪开始，科学探险者就从世界各地带回了各种各样的矿产、植物和动物。科学家们很快就意识到，需要对这些样本进行归纳整理。就这样，一个全新的致力于对物种进行分类的学科诞生了，它就是生物分类学。

在18世纪，一位名叫卡尔·林奈的瑞典博物学家兼医生决定对全世界所有生物进行分类。林奈分类法依据物种间的相似性来命名和归类。虽然后来人们对林奈分类法做了一些改动，但基本上沿用至今，尤其是绝大多数生物学家和古生物学家仍经常使用。在现代林奈式分类系统中，每个物种都属于某个属、科、目、纲、门和界。随着多界分类的发展，近年来又出现了界上增级的趋向，一些科学家们建议增设比界更高一级的分类级别——域（或称总界）。

亚里士多德（前384—前322）

亚里士多德曾经设想了一套分类系统，以对古希腊人所知道的400余种动物进行分类整理。他以某些身体特征为分类依据，比如是否有翅膀或鳍。因为昆虫、蝙蝠和鸟类都有翅膀，所以他把它们划为同一类生物。

卡尔·林奈（1707—1778）

林奈发明了一种生物命名法，一直被沿用至今。这种方法是双名法，即每一种生物都有一个由两部分组成的名字。第一部分指代该生物所属的属，第二部分则指代该生物所属的种。林奈还发明了一种分类系统，依据物种间形态的异同、演化关系的亲疏将它们逐级分类，分类级别越高，其所包含的物种范围就越广。到18世纪末，林奈式分类系统已被整个欧洲采用。

摘自《发明家和发明》第105页

AD MEMORIAM

PRIMI SUI PRÆSIDIS EIUSDEMQUE E CONDITORIBUS SUIS UNIUS

CAROLI LINNÆI

OPUS ILLUD QUO PRIMUM

SYSTEMA NATURÆ

PER TRIA REGNA DISPOSITÆ EXPLICAVIT

REGIA ACADEMIA SCIENTIARUM SVECICA

BISECULARI NATALI AUCTORIS DENUO EDIDIT

HOLMIÆ MCMVII

林奈的《自然系统》发表于1735年。他在这本书里对至少4400个物种进行了分类，包括动物、植物、矿物，这是一项多么艰巨的任务啊！每个物种都以拉丁文命名，比如家猫被命名为*Felis domestica*，意味着它属于猫属家猫种。那么我就用家猫来举例，解释它在现代林奈式分类系统中所处的位置，相信你会理解得更加透彻，来看看第17页的内容吧。

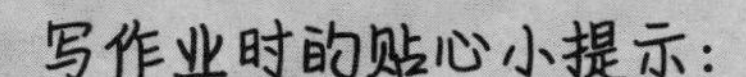

写作业时的贴心小提示：

记住啦，属名和种名都要用斜体字来写，而且属名的首字母要大写。如果是手写的话，记得一定要在这些词下面画横线，以表明你写的是生物的拉丁名。

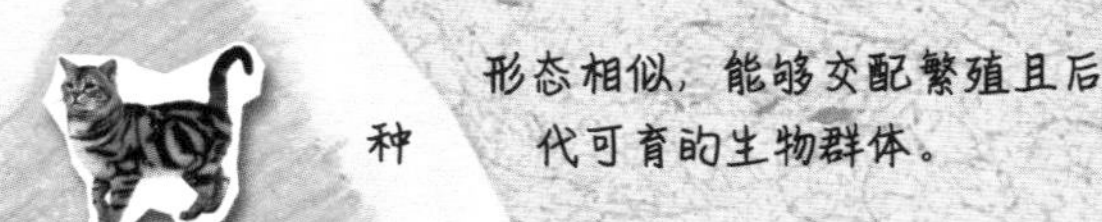

种　形态相似，能够交配繁殖且后代可育的生物群体。

属　有共同特征但不能群内繁殖的种群。家猫属于猫属。

科　有共同特征的属群。家猫属于猫科。

目　有共同起源的科群。家猫属于食肉目。

纲　由目组成的群体。家猫属于哺乳纲，哺乳纲以长有毛发和能分泌乳汁的乳腺为特征。

门　有相同远祖的纲群。家猫属于脊索动物门（即脊索动物），该门以具有脊柱的动物为主。

界　这是林奈式分类系统中的最高分类级别。生物学家划分出了目前被普遍认可的五种生物界，分别是原核生物界（如细菌）、原生生物界（单细胞生物）、真菌界（如蘑菇）、植物界和动物界。家猫属于动物界。

古生物学是一门研究化石的科学，要是没有古生物学，就无法对物种进行分类。化石在本书中非常重要，我在接下来的两页里，会专门讨论化石。

还有一些其他的分类方法。比如，系统分类法，如今这种分类法在科学界的应用越来越广泛。这种分类法以生物的DNA研究为基础。遗传学研究表明，不同物种的DNA存在一定的相似性，相似性的多寡与物种之间的亲疏关系有关。通过比较物种的DNA，生物学家甚至可以建立新的关联。根据系统分类法，鸟类现存的关系最近的亲戚是鳄鱼，鲸现存的关系最近的亲戚可能是河马。

化石：历史发展的见证者

化石非常宝贵，我们能依据化石重建生命的发展史。化石在哪里呢？它们被保存在沉积岩、煤、火山灰、冰等物质中。一个蛋、一个贝壳、一块骨头或者骨头的某部分、一颗牙齿、一个洞穴、一个印记，甚至植物的花粉、动物的粪便都能成为化石。有时候还会有完整的生物化石，比如保存完整昆虫的琥珀（琥珀是一种树脂化石，其历史长达4000~6000万年）。

还有些长毛猛犸象之类的动物，被保存在冰层中。右边这段摘要是从我最喜欢的一本书中摘录的，它清楚地解释了化石的形成过程。

蜻蜓化石，距今约1.5亿年。

化石是如何形成的

许多化石都是海洋生物，当海洋生物死去后，还没来得及腐烂、分解，就被海洋里的沉积物迅速覆盖住了。沉积物是各种废弃物的集合，包括死亡生物的残骸等，这些废弃物不断地沉积在海洋和湖泊的底部。随着时间的流逝，沉积物越积越厚，也越来越硬，逐渐形成了沉积岩。每一个岩层都可能含有某个特定时期的生物化石。以下是化石形成的三个主要阶段。

1. 软体动物死后沉入海底。它的遗体会被迅速分解掉，但较硬的外壳却被保存了下来。

2. 沉积物逐渐覆盖住贝壳，并逐渐变硬，贝壳就这样被包裹在沉积岩中，成为了化石。

3. 千百万年后，由于地壳运动或古生物学家的挖掘，化石很可能重现天日，露出地表。

古生物学家认为，地球上曾经至少存在过10亿到20亿种动植物，但目前人们只发现了几十万种生物的化石。

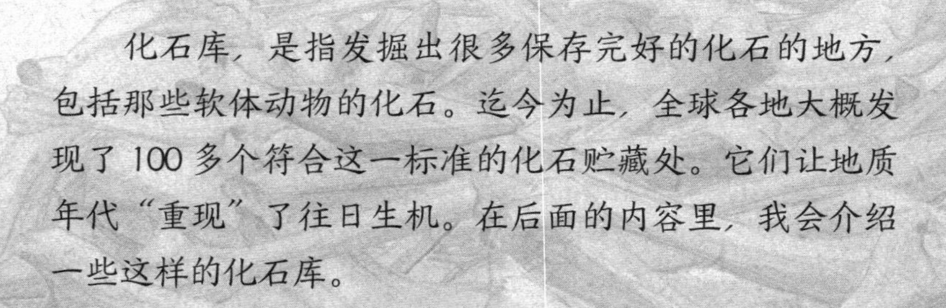

化石库，是指发掘出很多保存完好的化石的地方，包括那些软体动物的化石。迄今为止，全球各地大概发现了100多个符合这一标准的化石贮藏处。它们让地质年代“重现”了往日生机。在后面的内容里，我会介绍一些这样的化石库。

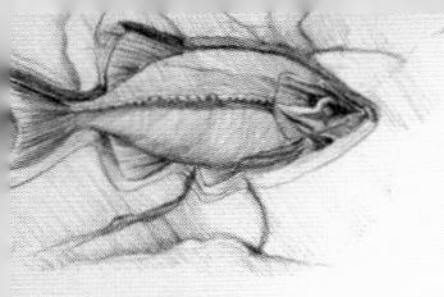

一封来自现代生物学教授的信

亲爱的朋友：

就像你看到的我寄给你的这些照片一样，在过去很长一段时间里，化石都是一个巨大的谜团，非常神秘。18 世纪发生了一场伟大的革命，许多化石被挖掘出来。当意识到这些奇形怪状的物体是地球上远古动植物的遗骸后，人们对它们的兴趣就越来越浓厚。从那时起，博物馆就开始广泛收集化石。法国动物学家乔治·居维叶是第一个能够从牙齿这种小碎片入手，拼凑起完整化石骨架的科学家，他也是最早证明过去存在的某些物种如今已经灭绝的人之一。到了 1830 年，物种灭绝说在世界范围内得到了广泛认可。19 世纪后期，伟大的古生物学家路易斯·阿加西、爱德华·柯普和奥斯尼尔·查尔斯·马什等紧随其后，丰富了我们对化石的认识。这就是你托我总结的化石研究史，希望我提供的这些图片资料能满足你那些小读者们的好奇心。

祝一切安好！

现代古生物学系

杰克·斯克尔顿教授

在中世纪时，洞熊的头盖骨被误以为是喷火龙的。

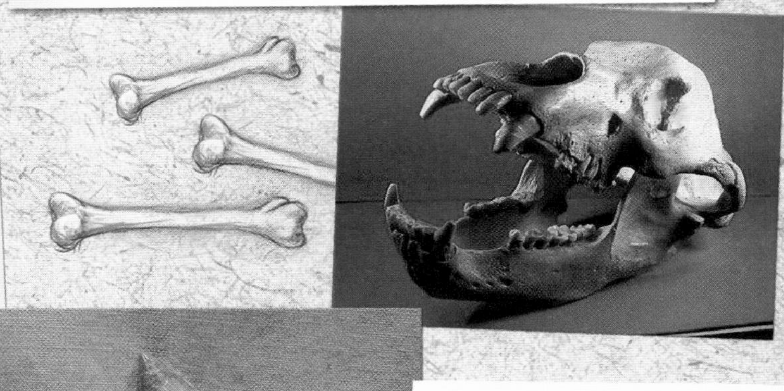

生活在公元 1 世纪时期的博物学家老普林尼认为，鲨鱼的牙齿化石是发生月食时掉落到地球上的“舌石”。

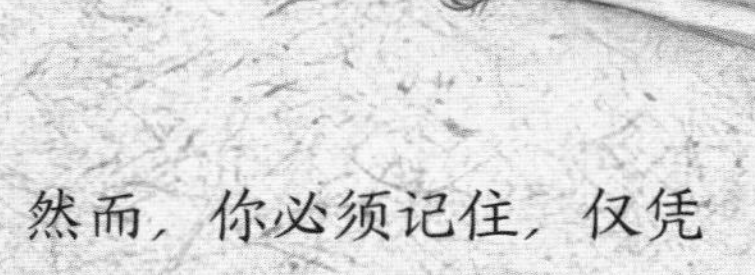

对研究生命史的科学家来说，化石是很有价值的重要资料。然而，你必须记住，仅凭化石并不能解释一切。下面，我列举了一些关于化石记录的重要问题，供大家参考：

——某些地质时期只有极少量的化石。
——地壳运动会破坏化石，洪水等自然现象则会将化石冲散。
——完整的动物化石极为罕见。
——软体动物很难成为化石，因为通常只有坚硬的物体容易保存。
——世界上还有很多地方从未有古生物学家涉足，比如中国某些地区、澳大利亚和南美洲等。

三叶虫化石，距今约 4.5 亿年。

尽管化石是研究过去生命的重要依据，但要想真正弄懂地球的历史，需要不同学科（包括化学、物理学、生物学、气象学、古生物学、植物学等）的科学家们通力合作。

乌龟化石，距今约 7000 万年。

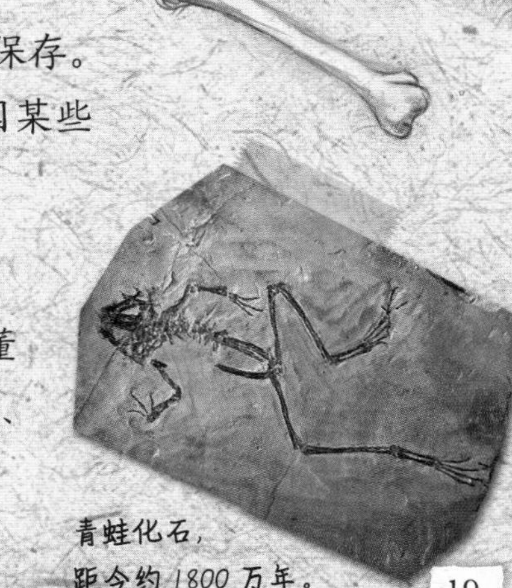

青蛙化石，距今约 1800 万年。

地质年代

科学家们以地球上发生的重大事件为依据把地球历史划分为不同的地质年代，这些重大事件包括某些动物的诞生或灭绝、山脉隆起、海平面升降、重大气候变化等。我真的很喜欢这张地质年代图，它很好地呈现了不同地质年代的特点，还标明了它们的时期范围。接下来，我会详细介绍这些不同的地质年代，你也可以根据页码提示翻到你最感兴趣的那个章节。

前寒武纪（距今 46 亿年至 5.41 亿年前）：生命出现了。（第 24 页）

寒武纪（距今 5.41 亿年至 4.85 亿年前）：生命大爆发。（第 28 页）

奥陶纪（距今 4.85 亿年至 4.44 亿年前）：鱼类出现了。（第 30 页）

志留纪（距今 4.44 亿年至 4.19 亿年前）：陆地动植物出现了。（第 32 页）

泥盆纪（距今 4.19 亿年至 3.59 亿年前）：两栖动物和昆虫诞生了。（第 34 页）

石炭纪（距今 3.59 亿年至 2.99 亿年前）：爬行动物出现了。（第 36 页）

二叠纪（距今 2.99 亿年至 2.52 亿年前）：爬行动物呈现多种形态。（第 38 页）

三叠纪（距今 2.52 亿年至 2.01 亿年前）：恐龙和哺乳动物出现了。（第 40 页）

侏罗纪（距今 2.01 亿年至 1.45 亿年前）：鸟类和开花植物出现了。（第 42 页）

难以置信的真相！

地球的一年

伊察 · 梅津 / 文

让我们想象一下，把地球的历史浓缩在一年里。假如地球诞生于 1 月 1 日的凌晨，那么最初的生命大概在 4 月出现；到了 11 月月底时，陆地上出现了动植物；12 月中旬时，恐龙诞生了，它们在 12 月 25 日 19 时灭绝了；到了 12 月 31 日 23 时 25 分，人类诞生了。

摘自《大众科学》2013 年 9 月刊

亲爱的神奇教授：

您好！我很好奇，地质学家们是怎么确定地质年代的呢？

山姆

岩石在地球上沉积了数百万年，从而形成了地层。目前，人们已经掌握了几种可以勘测岩层年龄的方法。原则上来说，越年轻的地层越靠近地表，越古老的地层则越位于地下深处。科学家们有时候会通过这种简单的观察来判断地层年龄。但是，自然界中有时会发生地面塌陷、地层断裂等自然现象，这样就会扰乱地层。这时候，科学家们就要用到其他测定方法了。常用的方法之一是通过研究地层中的化石来判断地层的年龄，还有一种方法是依据地层的放射性来判断。请看看这段简短的摘录。

放射性定年法

岩石中的一些放射性化学元素是绝佳的地质时钟。随着时间的流逝，这些元素会衰变成其他元素。比如，铀会衰变成铅。每一种放射性元素都以一定的速度衰变，地质学家对这些都非常熟悉。所以，只要计算出岩石中的铀含量与铅含量，地质学家就能确定岩石的年龄了。

摘自《地球》第 123 页

新近纪和第四纪（距今 2300 万年前至今）：人类出现了。（第 52 页）

白垩纪（距今 1.45 亿年至 6600 万年前）：恐龙灭绝。（第 48 页）

古近纪（距今 6600 万年至 2300 万年前）：人类的祖先出现了。（第 50 页）

在详细介绍不同地质时期之前，我想暂停一会儿，问问大家到底是什么让这一切有了可能。你能猜到吗？不用说，当然是地球的诞生啦！

生命之初

地球是如何形成的

生命的历史要从距今约50亿年前说起。那时，太阳系还只不过是一团巨大的云层和尘埃。也许是附近某个恒星爆炸，导致这团云层和尘埃受到猛烈冲击，不断收缩并像旋风一样旋转，其中心逐渐变得越来越热、越来越亮，也越来越紧凑。这颗如今被我们称为太阳的年轻恒星就这样诞生了。其他残留的尘埃物质则继续绕着太阳旋转，并逐渐形成了一些像鹅卵石一样的东西。这些鹅卵石互相碰撞，聚集成更大的岩石……直到46亿年前，地球和太阳系其他七大行星诞生了。不过，最初的地球与我们今天所熟知的地球还相差甚远，中间还隔着漫长的时间呢！

以下是关于地球诞生的最新科学理论。

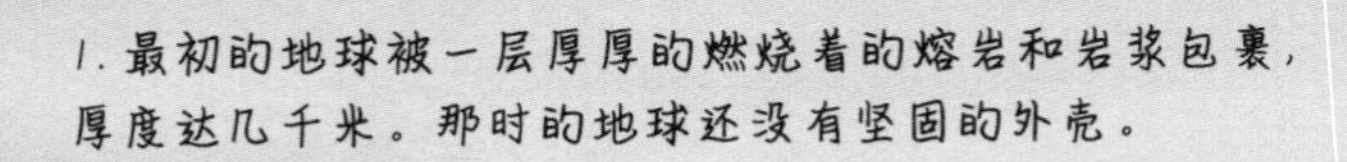

1. 最初的地球被一层厚厚的燃烧着的熔岩和岩浆包裹，厚度达几千米。那时的地球还没有坚固的外壳。

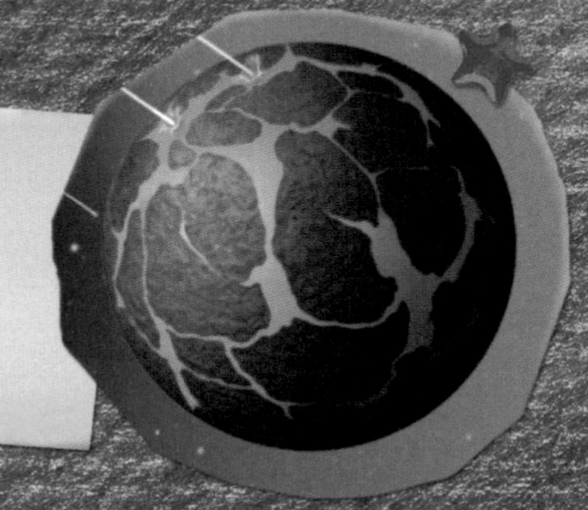

2. 慢慢地，地球表面所覆盖的熔岩层逐渐冷却，形成了一块又一块地壳。

3. 随着时间的流逝，原始地壳最终覆盖了整个地球。这时的地球表面到处都是火山，这些火山喷发了大量的水蒸气和有毒气体，从而形成了不宜呼吸的大气层。

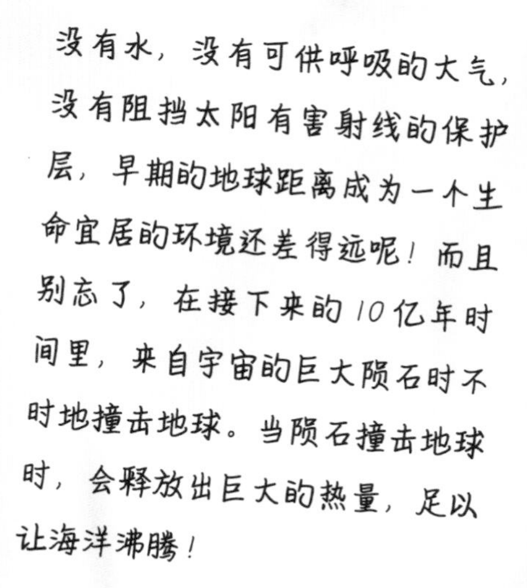

没有水，没有可供呼吸的大气，没有阻挡太阳有害射线的保护层，早期的地球距离成为一个生命宜居的环境还差得远呢！而且别忘了，在接下来的10亿年时间里，来自宇宙的巨大陨石时不时地撞击地球。当陨石撞击地球时，会释放出巨大的热量，足以让海洋沸腾！

查尔斯·莱尔是过去200年内最重要的地质学家之一，被誉为现代地质学之父。以下是对这位科学家的简要介绍。

科学家简介

查尔斯·莱尔（1797—1875）

英国地质学家查尔斯·莱尔家里有10个孩子，他是老大。他本来学的是法律，但对地质学很感兴趣。他在地层学（即研究地球的岩层）领域的研究成果启发了很多地质学家，拓宽了他们的眼界。查尔斯·莱尔主要研究第三纪，也就是如今所说的古近纪和新近纪的地层。他把这一地质时期划分为三个阶段：上新世、中新世和始新世。在1830年至1833年间，查尔斯·莱尔出版了《地质学原理》一书，他在书中表明，地球是经过漫长的演变，慢慢形成的。

摘自《科学家简介》第105页

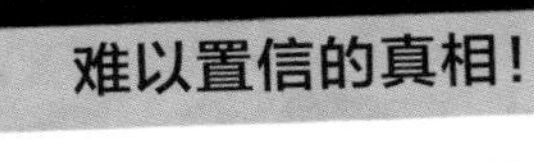

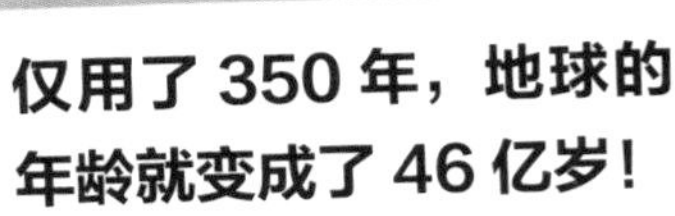

伊察·梅津/文

1650年，爱尔兰主教詹姆斯·厄舍尔首次尝试确定地球的年龄。该怎么测算呢？他以亚当和夏娃为始，算出人类有多少代，然后来推测地球年龄。经过计算，詹姆斯·厄舍尔宣称，地球是在公元前4004年10月23日诞生的，这意味着地球在1650年时已经有5654岁了。但后来人们发现，这个说法与化石和岩层的相关研究结果相矛盾。到了19世纪30年代，英国地质学家查尔斯·莱尔爵士指出，地球的年龄远远超过了人们的想象，可能有几百万岁了！直到20世纪时，人们发明了放射性定年法，为测算地球的年龄带来了新的希望。太阳系诞生之初的陨石和来自月球的岩石的测量结果都表明，地球的年龄已经高达46亿岁了！

摘自《大众科学》2000年12月刊

地质学

研究地球的学科，包括地球的历史和如今的变化，以及地球的物质构成。

4. 原始大气中的水蒸气逐渐冷却，变成了厚厚的云层。几千年以后，地球上下起了大暴雨，这次大洪水就是原始海洋的发源。

前寒武纪：生命的奇迹

生命的初篇始于46亿年前，并持续了大约40亿年。朋友们，我们对前寒武纪知之甚少。岩石的确记载着地球的历史，但前寒武纪的大部分岩石都被毁坏，或者深埋在地壳深处。可是，前寒武纪又非常重要，这个时期的地球有着令人窒息的高温和无法呼吸的大气，但就是在这样恶劣的环境下，生命在38亿年前奇迹般地出现了。下面这则摘录，描述了前寒武纪时期地球的状况。

前寒武纪时期的地球

太阳系形成后，来自宇宙的陨石仍不断撞击地球。大约在40亿到38亿年前，陨石的撞击减少了，撞击产生的巨大热量也渐渐消退了。就这样，地球逐渐冷却下来，地表温度降到了100℃以下。岩浆从地球内部喷涌到地表，并冷却凝固形成了最初的陆地。地球早期大气层中的水蒸气变成雨滴，雨滴又变成暴雨降落到地表，形成了池塘、湖泊，并最终形成了海洋。

摘自《地球》第12页

在前寒武纪末期时，陆地连在一起，形成了罗迪尼亚超大陆。此时的地球正在经历大冰期，大部分陆地都被冰川覆盖了。

生命出现了

一辆汽车由数百个零件组成，想象一下，这些零件就像被施了魔法一样，它们决定自己组装成一辆汽车。它们不停地拆开、组装、再拆开、再组装，直到最终组装成一辆能运行的汽车为止。在我们今天的生活中，这样的事情几乎不可能发生吧？但科学家们相信，海洋中肯定发生过类似的事情，其中涉及大型的生命前体分子（具体可见第9页）。生命前体分子以越来越复杂的方式组合在一起，这场浩大的“生命建构游戏”持续了几百万年。就这样，最初的细胞诞生了，它们能够养活自己和繁衍后代。真的太神奇了，对吧？

古细菌：最早的生物

大约在38亿年前，最早的生命形式出现在海洋中。一些科学家认为，这些最初的类似于细菌的微生物，生活在海底完全黑暗的环境中，围绕着从地球内部喷涌而出的温泉。这些早期微生物被称为古细菌，它们以周围的化学元素为生，能适应缺氧环境。

摘自《生物史》第50页

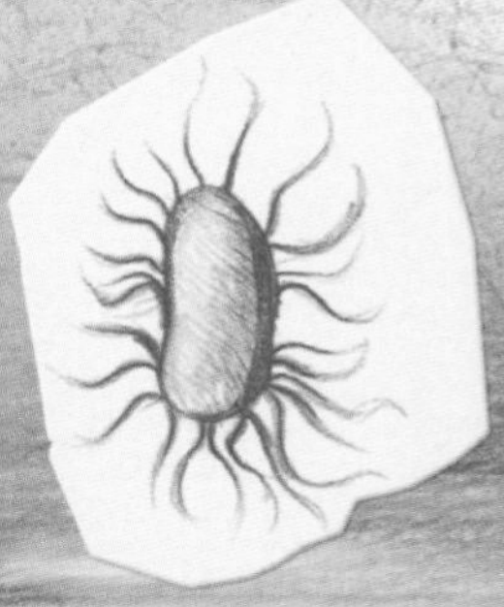

古细菌也许长这副模样。

古细菌和其他各种各样的细菌迅速“占领”了海底温泉。没过多久，这些细菌为了争夺食物——化学物质，展开了激烈的竞争。前寒武纪的生物必须找到其他方法来养活自己。一群勇敢的“志愿者”——蓝藻，便游向了海洋表面，开始利用一种新能源——太阳能。蓝藻利用阳光，将二氧化碳转化为能够提供生长所需能量的糖分，同时还产出了氧气，这个过程就叫作光合作用。如今，地球上仍然有蓝藻，它们有时排成一列，看上去就像条项链。下面这张照片是蓝藻放大后的模样，是我的朋友——微生物学家米妮·斯库利寄给我的。

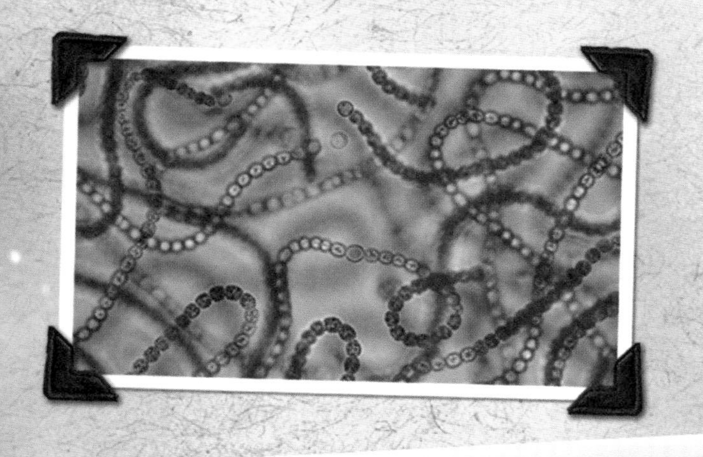

主题：蓝藻化石
日期：2014 年 8 月 28 日
收件人：杰克·斯克尔顿

亲爱的杰克：

希望你那项关于早期人类的研究进展顺利（另外，我需要你提供一些资料，来帮助我完成这本笔记的最后几页）。现在，我有个问题想向你请教：蓝藻化石真的是地球上最古老的化石吗？

神奇教授

主题：回复：蓝藻化石
发件人：杰克·斯克尔顿

亲爱的神奇教授：

目前，我们所知道的最古老的化石的确可能是蓝藻的微小遗骸。蓝藻应该是历史上最早的“建筑师”，你的小读者们听到这一点肯定会特别惊讶，但事实的确就是如此。叠层石看上去就像是地毯，只不过是用石头做的，它们很可能就是生活在浅水中的蓝藻菌群建造的。20 世纪 50 年代，人们在澳大利亚海岸发现了距今 35 亿年的叠层石（见下图）。目前，还有很多叠层石正在“修建中”，尤其是在澳大利亚西部的鲨鱼湾。

祝一切顺利！

杰克

致命毒气——氧气

对前寒武纪的生物来说，蓝藻光合作用产生的氧气是一种致命毒气。氧气使许多物种死亡灭绝，只有抵抗力较强的物种才忍受得了氧气，并幸存下来。也有一些物种从氧气中获益。实践证明，氧气是一种高效的燃料，它导致了一种新现象的产生——呼吸作用。能够呼吸的生物能产生更多的能量。从那以后，生命有了巨大的进步。

活动档案卡：历史上的大灾难

大约在15亿年前，海洋里迎来了一群新生物——真核生物。这些“新生儿”的体型虽然也很微小，但已经比它们的细菌祖先大了好几倍。真核生物的细胞就像一个微型工厂，结构复杂又精良，每个部位都有其独特的功能。细菌通过分裂繁衍后代，其后代与自身长得一模一样，但真核生物不同，它们的后代具有不同于双亲的新特征。从此以后，这个奇迹般的“创新”将使生命朝着更多样的存在形式发展和演化。

原生生物

原生生物是真核生物中的一类，多为单细胞生物，其中包括某些寄生虫。有些寄生虫能使人类患上严重疾病，比如通过蚊虫叮咬在人类中传播的间日疟原虫，它能引发以高烧为典型特征的致命疾病——疟疾。还有一些藻类也是原生生物，比如硅藻。硅藻能进行光合作用，是海洋动物的重要食物来源。

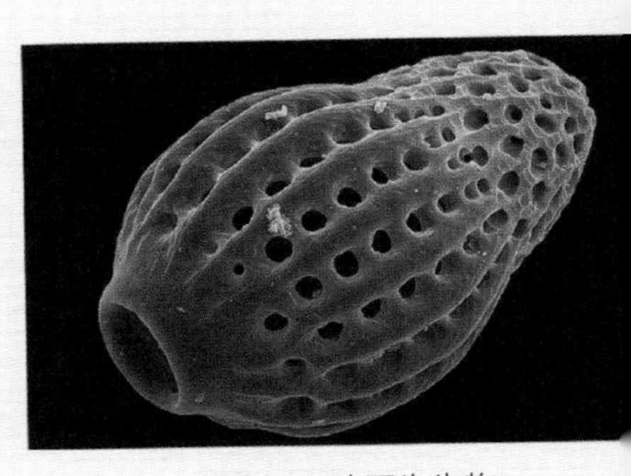
硅藻是一种原生生物

摘自《生命之书》第186页

更复杂的生物

你听说过“团结就是力量”这句话吧？这句话的意思就是说，当我们团结起来成为一个整体时，会比单打独斗的个体更有力量。可以说，单细胞真核生物就是这句话最早的践行者。在前寒武纪末期，一些单细胞真核生物“联合”起来，形成了更复杂的生物。这种新生物由若干个细胞组成，被称作多细胞动物（也叫后生动物）。多细胞动物有很多优势，不像单细胞动物，一个细胞要同时兼顾觅食、呼吸和繁殖等多项工作，多细胞动物的诸多细胞团结起来，像团队那样工作——有的负责觅食，有的负责呼吸，有的负责繁殖。最初的前寒武纪多细胞动物结构非常简单，它们还没有肌肉、肺或血管，但却有很多细胞，遍布全身各处，这些细胞各司其职。海绵就是在前寒武纪时期出现的一种多细胞动物，它们的化石也是目前已知的最古老的动物化石之一。

海绵——完美合作的典范

海绵由许多细胞组成，这些细胞各司其职，承担着不同的角色。海绵内腔的细胞上长有许多鞭毛，它们的职责是维持海绵体内的水循环，还要负责摄食——捕捉漂浮在水中的微小食物颗粒。而海绵外壁的细胞，则负责繁殖下一代。每到繁殖时节，这些细胞就会像花蕾一样脱离，形成新个体。

摘自《生命之书》第222页

三星盘虫是最早的多细胞动物之一。它的体型很小，形似圆盘，直径约3厘米，身上有三条对称的“手臂”相互交叉。

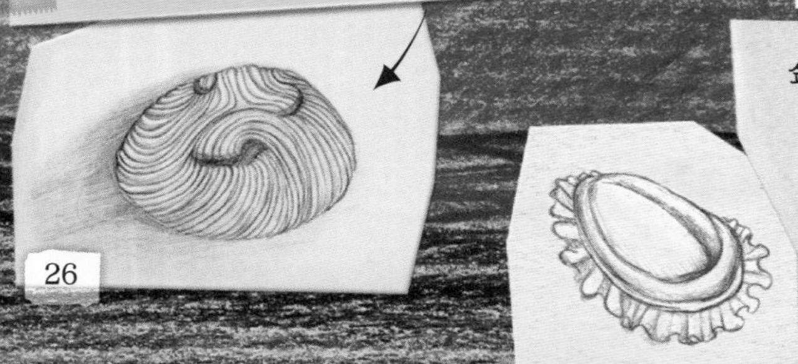

金伯拉虫身长可达10厘米，是目前已知的最早具有内部腔（可遮蔽和保护器官）的生物。

尼米亚似海葵的身体呈囊状，看上去很像如今的海葵。据说，尼米亚似海葵会用沙子填充身体内部，以增加体重，让自己能在海底保持稳定。

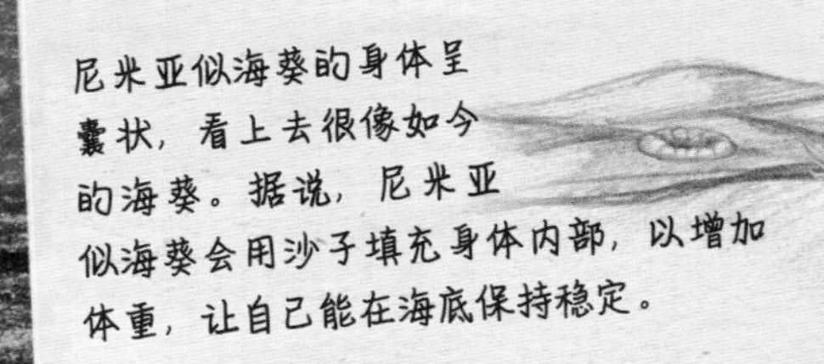

埃迪卡拉化石库（我曾在第18页里提到过“化石库”这个概念）有大量动物化石，这些动物生活在距今约6亿年的前寒武纪末期。在我父亲去世前，他曾送给我一些珍贵的报纸资料。请看看右边这篇报道吧，这是从1946年的一份报纸上剪下来的。

发现世界上最古老的动物

本周初，地质学家R.C.斯普里格在澳大利亚南部的埃迪卡拉山发现了大量动物化石。据推测，这些生物可能生活在原始海洋的底部，那里充满泥浆。很久以前，这些化石被细沙覆盖着。化石表明这些动物是软体动物，没有骨骼和外壳。它们的体长不等，有的不足1厘米，有的超过1米。大多数动物的形状像圆盘或树叶，还有一些看起来像羽毛或蠕虫。埃迪卡拉动物群是目前已知最古老的多细胞动物群。

埃迪卡拉动物群中的动物形态独特，外貌惊人，简直可以担任科幻电影的主角了！一些科学家认为，这些生物很可能是如今蠕虫和软体动物等动物的鼻祖。但也有一些科学家们认为，它们是被大自然淘汰的“失败”生物。自1946年以来，人们在全球30多个不同地方发现了与埃迪卡拉动物群相似的化石，这说明这些动物曾经遍布前寒武纪时期的所有海域。在第26页和第27页中，我配了一些插图供你们欣赏。

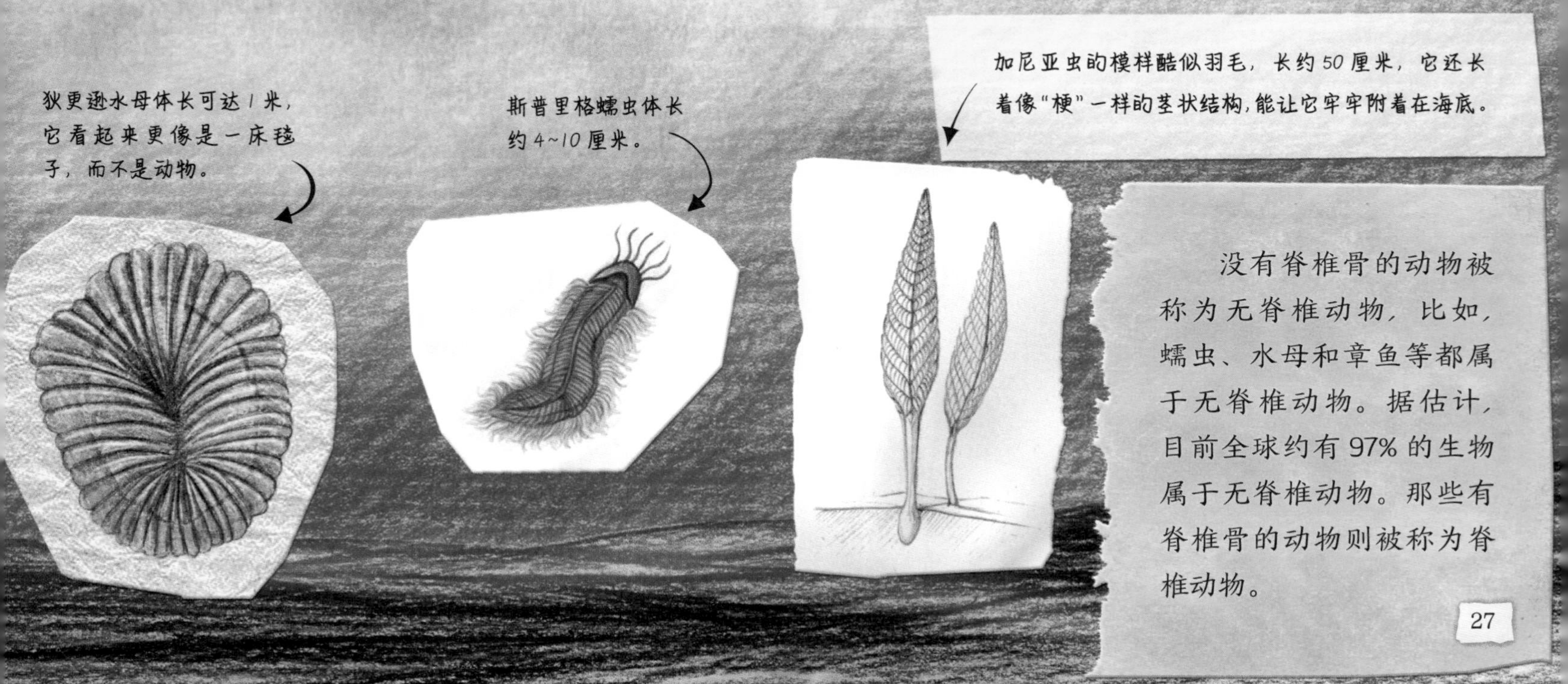

没有脊椎骨的动物被称为无脊椎动物，比如，蠕虫、水母和章鱼等都属于无脊椎动物。据估计，目前全球约有97%的生物属于无脊椎动物。那些有脊椎骨的动物则被称为脊椎动物。

海洋王国

寒武纪：生命大爆发

寒武纪时期的海洋里，涌现了成千上万种生物，这些生物还以惊人的速度在进化。海绵牢牢地附着在海底，作为一个好邻居，它与早期的软体动物（贝类、螺类和章鱼等）、棘皮动物（海胆、海星等）和节肢动物（昆虫、蜘蛛和甲壳动物等）共享这片栖息地。今天，科学家们仍然很难说清楚为什么寒武纪会出现生命大爆发。以下是我的古生物学家朋友杰克·斯克尔顿的看法。

主题：寒武纪生命大爆发
日期：2014 年 11 月 10 日
收件人：神奇教授

有些研究生物史的科学家认为，是氧气的出现促成了寒武纪的生命大爆发。蓝藻通过光合作用产生氧气，对动物来说，氧气的确是一种高效的成长新能源。然而，也有许多同行认为，所谓的寒武纪生命大爆发并不存在，只不过是由于我们发现了大量寒武纪生物化石而产生的误解而已。也就是说，这很可能是因为相比前寒武纪的软体动物，寒武纪那些有坚固外壳和骨骼的生物能留下更多化石，因此我们误以为寒武纪出现了生命大爆发。

杰克

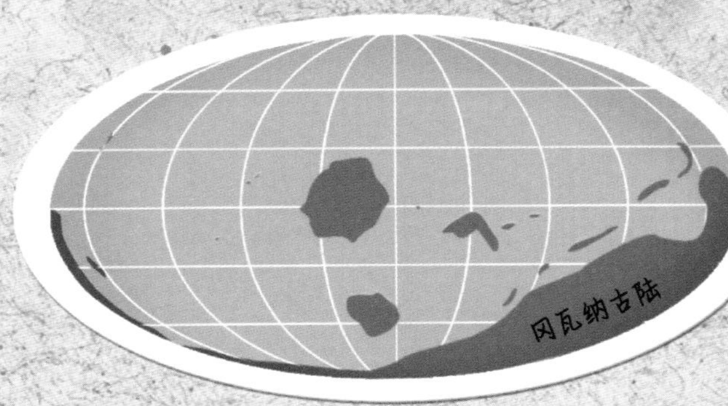

寒武纪初期，大陆分离了。最大的大陆名叫冈瓦纳古陆，位于南极附近，生命在浅水区涌现了。

伯吉斯页岩是寒武纪化石库。1909 年，美国古生物学家查尔斯·D. 沃尔科特在加拿大落基山脉发现了伯吉斯页岩。这里有成千上万的生物化石，其历史可以追溯到 5.45 亿年前。人们在这里确定了约 120 种物种，使伯吉斯页岩成为了当时世界上最大的寒武纪化石遗址。

优鹤国家公园
（不列颠哥伦比亚省）
导游带队
2014 年 7 月 17 日
本票可供一名成人参观沃尔科特的化石挖掘场，
景点包括斯蒂芬山的三叶虫化石和伯吉斯页岩化石展。
参观时长：2 天
严禁偷拿化石或其他天然矿石

古杯动物看上去很像海绵，它们的外形也很像小花瓶、小蘑菇或迷你树。

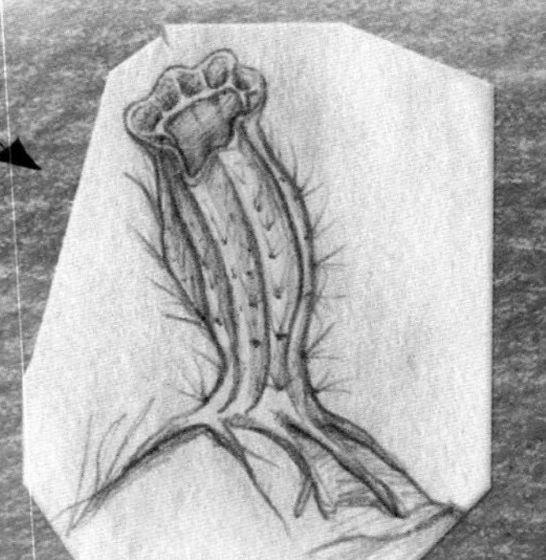

马尔三叶形虫，体长不到 2 厘米，但有 24 双脚和鳃。

随着时间的流逝，一些多细胞动物体内的细胞聚在一起形成了一些器官。比如鳃，它能吸收溶解在水中的氧气，使呼吸更加顺畅。有些细胞聚在头部，形成了触角、眼睛和触须。多亏了这些感觉器官，动物可以感知到来自周围环境的信息并对其做出反应。寒武纪时期的生物发展迅猛，这对物种进化产生了巨大影响。下面，我将列举两个革命性发明。

外骨骼：抵抗外来攻击的发明

寒武纪时期的海洋里，溶解了大量的矿物盐。有些动物吸收了这些化合物后，将它们“储存”在细胞外。慢慢地，这些化合物形成了坚硬的团块，有的像盘，有的像壳，还有的像针。后来，这些坚硬的团块进化成了外骨骼，也就是身体外部的骨骼。外骨骼能给生物带来诸多好处。除了支撑起身体外，外骨骼还能有效抵御捕食者的攻击。

摘自《伟大的生物发明》第 12 页

身体分节：逃亡者的成功

寒武纪时期，海洋中出现了几种节肢动物（即肢体分节、附肢也分节的动物）。它们的身体由很多节组成，每节上都有用来游泳或走路的腿。相比其他动物，身体分节能使节肢动物走得更快、更方便。

摘自《伟大的生物发明》第 27 页

三叶虫是最早的节肢动物之一。它们拥有寒武纪时期最先进的动物特征：外骨骼、身体分节，而且还进化出了视力。

三叶虫：寒武纪时期的统治者

三叶虫种类繁多，体长从 2 厘米到 10 厘米不等，一些巨型品种体长可达 75 厘米。三叶虫跟如今的节肢动物很像，身体也分成好几节，有一对触角和复眼。三叶虫在海洋中纵横了 3 亿年，最终在二叠纪时期从地球表面彻底消失了。

摘自《生命之书》第 234 页

怪诞虫体长约 2.5 厘米，可能以动物尸体为食。

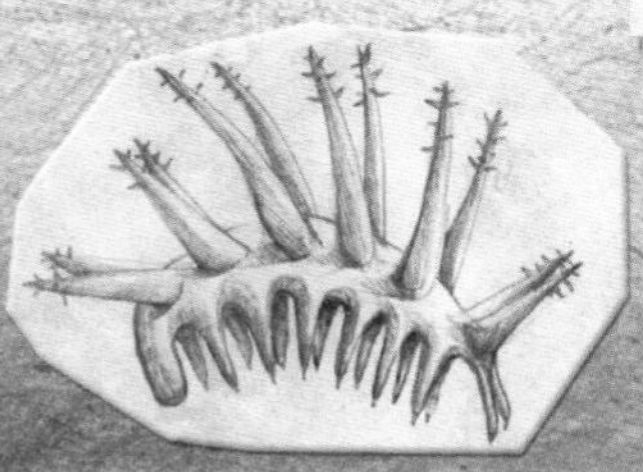

皮卡虫体长约 5 厘米。人们认为，皮卡虫可能已经有脊索了，脊索就是早期的脊柱。如此一来，皮卡虫很可能就是脊椎动物已知的最古老的近亲了。

奇虾体长约 60 厘米，用口两侧像爪子一样的巨型前肢捕食。

奥陶纪：水的世界

生命博物馆

史前景象

前寒武纪

寒武纪

奥陶纪

志留纪

奥陶纪时期，海洋里主要生活着大量附着在海底的生物，它们一动不动，几乎静止。海绵和珊瑚呈现出各种各样的形态，种类繁多。海百合栖息在一根长茎上，用触手捕捉食物。苔藓虫形成菌落，过着群居的生活。腕足类动物通过过滤悬浮在水中的微小食物颗粒来摄食。海参、海胆和大量的节肢动物（如三叶虫、马蹄蟹和海蝎子）则生活在海底花园中。到奥陶纪末期时，鱼类闪亮登场了！

不同于静止生活在海底、以从上层水域沉淀下来的颗粒为食的动物，那些移动的动物们需要主动觅食。它们必须动作敏捷，反应灵敏。比如，鹦鹉螺就进化出了非常独特的前进方式，被称为"汪洋中的喷射推进器"。请看看右边的这则摘要。

鹦鹉螺

鹦鹉螺的外壳由好几个壳室组成。靠近壳口的最后一个壳室最大，是躯体所在的地方，被称作住室。其余各壳室里面充满空气，被称作气室。鹦鹉螺通过增加或减少气室里的空气来上浮或下沉，这一点跟潜艇的原理很像。如果想挪动地方，鹦鹉螺就会喷射强有力的水柱来推动自己前进。早期的鹦鹉螺是很可怕的捕食者，它们的体长可达 5 米，还长着能捕获猎物的触手。如今地球上还存活着 5 种鹦鹉螺，它们生活在印度洋和太平洋温暖的海域里。

摘自《生命之书》第 162 页

海百合跟海星有较近的亲缘关系，它们至今仍然存活于世。

苔藓虫类似植物，过着群居生活。如今，它们仍广泛存在。

腕足类动物是一种很像软体动物的贝类。虽存活至今，但数量要比奥陶纪时期少多了。

奥陶纪末期，海洋占据了北半球的主要部分，南半球则以陆地为主。这一时期是地球历史上最冷的时期之一。

奥陶纪：地球冰封了！

在奥陶纪末期（距今约 4.4 亿年前），大陆向南极漂移。巨大的冰川覆盖了陆地，海平面急剧降低。这些事件对环境造成了灾难性的影响，导致了第一次物种大灭绝。一些科学家估计，在这一时期，海洋中有 70% 的物种都灭绝了。

活动档案卡：历史上的大灾难

早期鱼类

古生物学家认为，最早的鱼类出现在寒武纪时期的海洋中，并在奥陶纪时期大量繁殖。鱼的身上有一项伟大的生物发明——骨骼。

内骨骼：一个结实的发明！

鱼是世界上最早具有脊柱的动物，属于脊椎动物。早期的鱼类骨骼十分原始，不是由骨头构成的，而是由较为柔韧且富有弹性的软骨组成。骨骼可以支撑鱼类的身体，让肌肉依附生长，还能保护身体内部的重要器官。由于有了脊柱，鱼比其他任何动物都游得更快。

摘自《伟大的生物发明》第 34 页

1959 年的一则报纸文章

奥陶纪时期的珍宝

A. 斯特金 / 文

本周初，人们在澳大利亚发现了一个世界上最古老的鱼类化石，而且这个化石还近乎完整。人们把它命名为阿兰达鱼，这是一种生活在大约 4.5 亿年前的脊椎动物。这条阿兰达鱼身长约 20 厘米，头部和身体的部分有一层骨壳。与今天的七鳃鳗和盲鳗一样，阿兰达鱼也没有颌。而且，阿兰达鱼的吻部朝下，这可能是为了便于从海底吸取食物。

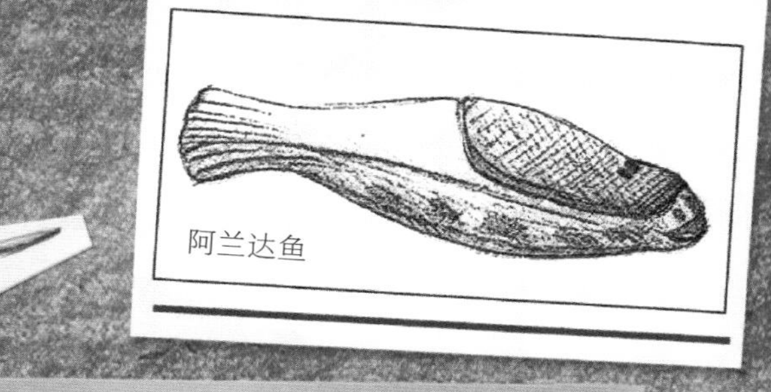
阿兰达鱼

牙形虫是拥有脊椎的早期鱼类，它的外形看上去很像蛇，体长只有几厘米。

鲎（读 hòu，又名马蹄蟹）有硬质甲壳，体长约 60 厘米。如今在北美洲和亚洲还存活着 4 种鲎。

距今 4.44 亿年至 4.19 亿年前

征服陆地

志留纪：踏上陆地

气候变暖，冰川融化，海平面渐渐上升。在靠近海岸的浅水域里，生命逐渐复苏了。珊瑚的品种和数量在不断增加，有些珊瑚过着独居的生活，有些则喜欢群居，它们共同构建成庞大的珊瑚礁，给其他诸多生物提供了绝佳的藏身处。在志留纪时期，仍然生活着腕足类动物、三叶虫、节肢动物、牙形虫、海星、海胆、软体动物和无颌鱼等动物。

在志留纪早期，这些生物必须学会与一种新出现的鱼类——棘鱼共同生活。棘鱼比起别的动物，又有了新的进化。

佛罗里达的珊瑚礁

颌：一个先进的发明

在志留纪时期，某些鱼类的身体发生了变化——原本支撑鳃的细小骨头逐渐进化，并转移到了吻部。经过数百万年的进化后，颌终于出现了。在牙齿的“武装”下，颌很快就变成了强有力的武器。因为有了颌，鱼类不仅可以捕获猎物，还能将它们撕烂嚼碎，不用再整个吞进肚子里了。

摘自《伟大的生物发明》第 48 页

棘鱼

棘鱼是最早的有颌动物之一。它的骨骼由软骨组成，尾巴强劲有力，还有能对鱼鳍起支撑作用的硬棘。棘鱼的身上还出现了一项有益的创新——鳃盖。这个部位就像一个水泵，能让鱼鳃里的水不停循环。这样一来，当其他鱼类还在不停地游动以更新鱼鳃里的水时，棘鱼却可以在静止不动的情况下继续呼吸，从而节省体力，保存能量。

摘自《生命之书》第 6 页

在志留纪时期，超级大陆欧美大陆在赤道附近形成。气候逐渐变暖和了。

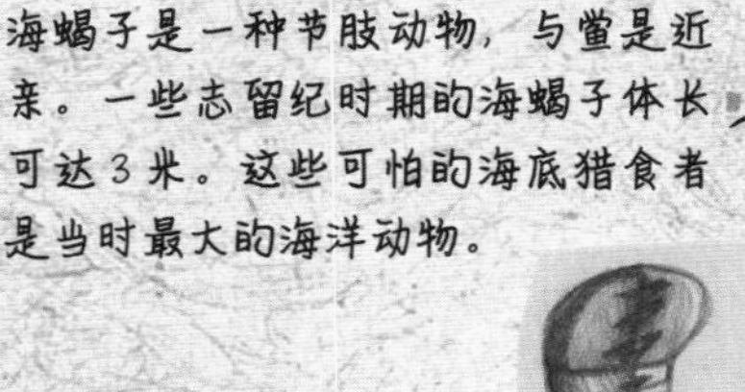

海蝎子是一种节肢动物，与鲎是近亲。一些志留纪时期的海蝎子体长可达 3 米。这些可怕的海底猎食者是当时最大的海洋动物。

星甲鱼是志留纪时期的一种无颌鱼，体长约 10 厘米。

蓝藻和水生植物产生的氧气在大气中不断地稳定积累着。在海拔较高的地方，氧气会转化为另一种气体——臭氧。臭氧能有效阻挡来自太阳的有害紫外线。这一时期，地球就被这层厚厚的、珍贵的气体层包裹，从而使生命能够安心地在这颗舒适的蓝色星球上安顿下来。

最早的陆地动植物

在志留纪时期，大多数动植物仍旧生活在水中。毕竟，在水里生活拥有显著的优势。首先，水的温度比较稳定，不像气温那样变化多端。其次，水能支撑起体重，使动植物轻松地漂浮在水里。另外，生活在水里还不用担心脱水问题。尽管如此，对某些生物来说，陆地仍然具有强大的吸引力。陆地是一个完全崭新的世界，那里没有捕食者，到处都是栖息地。植物和蘑菇最先来到这片充满希望的土地上，它们还将为最早登陆的节肢动物——蝎子、千足虫和蜘蛛等提供食物和住所。这些最先踏上陆地的动物们四肢强壮，能抵抗重力，它们还有防水的坚硬外骨骼，能避免身体脱水。

本周问题

克里斯 · 安瑟姆 / 文

我上周收到的问题特别多，简直打破了纪录。来自老兰花海滩的罗斯玛丽的问题引起了我强烈的兴趣。她的问题是这样的：亲爱的克里斯，最早的陆生植物长什么样呢？

亲爱的罗斯玛丽和各位读者朋友们，我的回答如下：最早的陆地植物出现在志留纪时期，它们生活在海洋和湖泊的边缘，那些地方水分充足。最早的陆地植物是绿藻的后代，它们的外形和如今的苔藓等苔类植物一样，平铺在地表生长，就像地毯似的。后来，这些植物慢慢进化出了根系，还有用来输送水分和矿物质的循环系统，它们被称作维管植物。库克逊蕨是目前已知最古老的维管植物，约出现在距今4.2亿年前。它的根茎竖直，表皮上有一层防水层，能防止脱水。

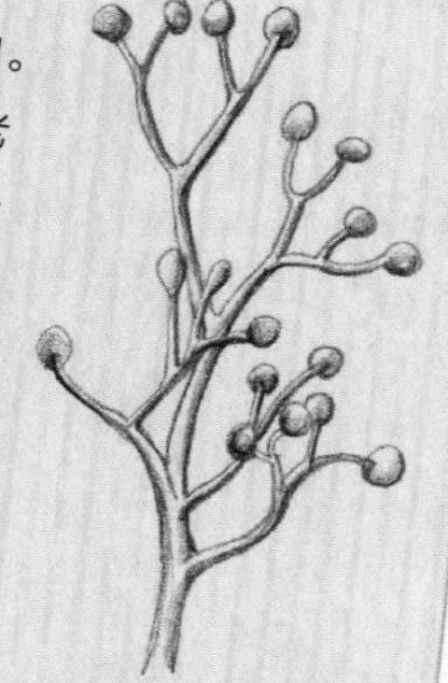
库克逊蕨

绿岛藤街1号，《植物爱好者》杂志社编辑克里斯 · 安瑟姆

摘自《植物爱好者》2013 年 1 月刊

千足虫是已知的最早具备呼吸系统的动物，能在陆地上自由呼吸。因此，这种多足食植节肢动物是最古老的陆地动物之一。

最早在干燥土地上生长的植物是原始苔藓植物，它们是现代苔藓的近亲。由于没有根系和导管，苔藓只能生活在潮湿的地方，这样能更方便地吸收水分。

泥盆纪：鱼类王国

游客指南

（参观完志留纪展厅后，请沿右边走廊走。您的下一个目的地是 D-359 号房间。从下午 4:16 开始，每隔半小时会有一次多媒体展示。）

展厅快览

泥盆纪

泥盆纪时期的海洋中仍生活着大量无脊椎动物，但海蝎子和三叶虫的数量开始下降。脊椎动物也出现了许多新的形式，比如盾皮鱼（从名字上就能听出它的特征来——有厚厚的皮），这种鱼长着尖锐的下颌，头部和身体前半部分覆盖着厚厚的盔甲。与此同时，鲨鱼的祖先也出现了，它们没有盔甲，皮肤上覆盖着小而粗糙的鳞片，骨骼由软骨组成。第一种有骨鱼类也在这一时期出现了，它们通常很小，身上覆盖着鳞片。它们还进化出了一个新器官——鱼鳔，这是一个充满空气的袋状器官，能帮助鱼类控制浮力从而在水中上浮或下潜。

泥盆纪时期的植物女王——蕨类

克里斯·安瑟姆 / 文

我的生物学家同事们把泥盆纪称作“鱼类王国”。虽然可能会让他们不高兴，但我还是要郑重声明——泥盆纪首先应该是“蕨类王国”，蕨类才是泥盆纪时期最显著的特征。在这一时期，陆地上出现了许多新植物，包括马尾草和蕨类。一些蕨类植物长得很高大，形成了最初的森林。比如，古羊齿就是泥盆纪时期的一种树蕨，它的树干直径达 1 米，树高近 30 米，相当于一栋 10 层楼那么高。亲爱的读者们，别忘了我们的下次聚会哟。我们将于 12 月 6 日在李树餐厅相聚，本次聚会主题为“史前植物：为何如此不受欢迎？”

古羊齿

摘自《植物爱好者》2014 年 6 月刊

欧洲、北美洲和格陵兰岛组成了一个新大陆，名为欧美大陆。冈瓦纳古陆向北移动。这个时期的气候变得温暖又干燥。

肺：一项带来新生命的发明

泥盆纪时期的一些鱼类长有气囊——能够贮存或排出空气。这种气囊就是最初的肺。空气中的氧气会通过肺上的薄膜进入血液，供肌肉和器官使用。这项新发明对陆地上的动物来说至关重要，它能帮助动物们在水里氧气不足或河流干涸时保持呼吸。多亏了这项发明，脊椎动物终于踏上陆地了！

摘自《伟大的生物发明》第 59 页

陆地上出现了两栖动物

泥盆纪时期，两栖动物出现了。它们是最早能在陆地和水域中生存的脊椎动物，这要归功于肺和腿的出现。两栖动物的化石非常少，所以我们很难弄清楚它们到底是怎么出现的。古生物学家认为两栖动物是从真掌鳍鱼进化而来的。真掌鳍鱼是泥盆纪时期的一种硬骨鱼，它那鱼鳍上的骨头看上去很像早期两栖动物的四肢。鱼石螈是目前已知最古老的两栖动物之一，人们在格陵兰岛发现了鱼石螈的化石。下面这段文字是对鱼石螈的简要介绍。

菊石是鹦鹉螺的近亲，在泥盆纪时期的海洋里数量庞大。

鱼石螈

鱼石螈是四足动物，每只脚上有七个趾头，尾部呈蹼状，身上像鱼那样覆盖着鳞片，体长可达 1 米。它不仅能用肺呼吸，还能通过皮肤呼吸，就像今天的两栖动物一样。尽管鱼石螈的骨骼坚固，但它很可能行动迟缓，而且大部分时间都生活在水里。

摘自《生命之书》第 102 页

鳕鳞鱼是一种硬骨鱼，体长近 25 厘米。

邓氏鱼是一种体型庞大的盾皮鱼，体长可达 10 米。在泥盆纪末期，盾皮鱼灭绝了。

所有两栖动物都必须靠近水域生活。因为它们那娇嫩、裸露的皮肤必须时时保持弹性和湿润。此外，它们的卵也必须产在水中，因为它们的后代在幼体时是水生生物，比如蝌蚪。

裂口鲨是最古老的鲨鱼之一，体长超过 1 米。

泥盆纪：缺氧，缺氧！

泥盆纪的结局很悲惨。沿海水域里生活着大约 90% 的物种，但没想到海水里氧气开始稀缺，大量无脊椎动物由于缺氧而死。那些生活在陆地上的植物和节肢动物则幸运地逃过了这场浩劫。

活动档案卡：历史上的大灾难

距今 3.59 亿年至 2.99 亿年前

石炭纪：两栖动物的时代

始螈：体长约 4 米

虾蟆螈：体长约 1 米

引螈：体长约 2 米

亲爱的弟弟：

我去参观了生命历史博物馆。随信附上你想要的两栖动物插图。石炭纪太让我着迷了！导游告诉我们，在那个时期，两栖动物才是地球真正的统治者。有些两栖动物看起来像鳄鱼，有些像蝾螈，还有一些没有腿，看上去就像鳗鱼。当我得知始螈这样的两栖动物能长到 4 米长时，我非常震惊。很难想象，可爱的青蛙和蟾蜍会有这么可怕的近亲，它们在石炭纪时期的沼泽里“称王称霸”。只可惜时间不够，我没能看完所有展品。

姐姐

鳞木是一种巨型石松，可高达 30 米。在石炭纪时期的森林里随处可见。

让我姐姐惊叹不已的两栖动物并非石炭纪时期唯一的生物。除了两栖动物外，石炭纪时期还有很多其他迷人的生物，比如体长约 2 米的千足虫、75 厘米的蝎子、10 厘米的蟑螂。海洋里仍然生活着许多无脊椎动物，然而，这一时期的鱼类数量却大幅减少了，许多原始鱼类，如盾皮鱼，甚至彻底灭绝了。但这一时期的硬骨鱼和鲨鱼数量日益增多，并进化出了许多不同种类。昆虫则成了空中的主宰者，这要归功于它们的最新发明——翅膀。

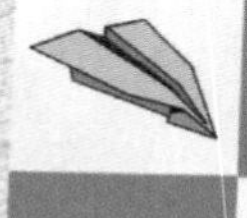

翅膀：用来飞的发明

在石炭纪时期，一些昆虫的身侧长着小而扁平的附肢。这种结构可能是为了帮昆虫接收更多太阳热量，也能让昆虫更好地在树枝间滑行。最初的昆虫翅膀就是从这种附肢结构进化而来的。幸亏有了翅膀，昆虫才能去征服天空这块崭新的领地。

摘自《伟大的生物发明》第 61 页

古马陆是一种长约 2 米的千足虫。

爬行动物诞生了！

在石炭纪时期，有些两栖动物发生了巨大变化。它们的皮肤变得越来越厚，还覆盖着一层能防止水分流失的鳞片；它们的肺功能也增强了，能更有效地吸收空气中的氧气。就这样，最早的爬行动物诞生了！这些新生物还带来了一项惊人的发明——羊膜卵。

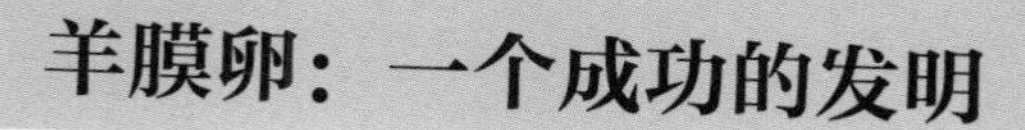

羊膜卵：一个成功的发明

羊膜卵由卵膜、羊水和营养物质组成，可以保护胚胎，并帮助其长成最终形态（鱼类、两栖动物和昆虫的后代都是以卵的形式出生，与爬行动物不同）。羊膜卵的卵壳能透气，能让胚胎生长必需的氧气进入羊膜卵内，同时又能防止卵内的水分蒸发。羊膜卵的出现，完全解除了脊椎动物（如爬行动物、鸟类、哺乳动物等）在个体发育中对水生环境的依赖，使动物能够在陆地上孵化。它们终于可以离开水生环境，去征服广阔的陆地了。

摘自《伟大的生物发明》第 73 页

林蜥

在石炭纪时期，林蜥是最早登陆的爬行动物之一。人们在加拿大新斯科舍省发现了许多林蜥化石。林蜥体长约 20 厘米，看起来很像蜥蜴，它的体型修长灵活，脑袋很小，脚趾分离，没有蹼。在石炭纪时期的森林里，生活着大量的千足虫和蜗牛，林蜥很可能就以它们为食。

摘自《生命之书》第 90 页

大陆板块正逐渐靠近。这时的北半球气候温暖湿润，南极则逐渐被冰帽覆盖。到了石炭纪末期，南半球的大部分地区都被冰川覆盖。

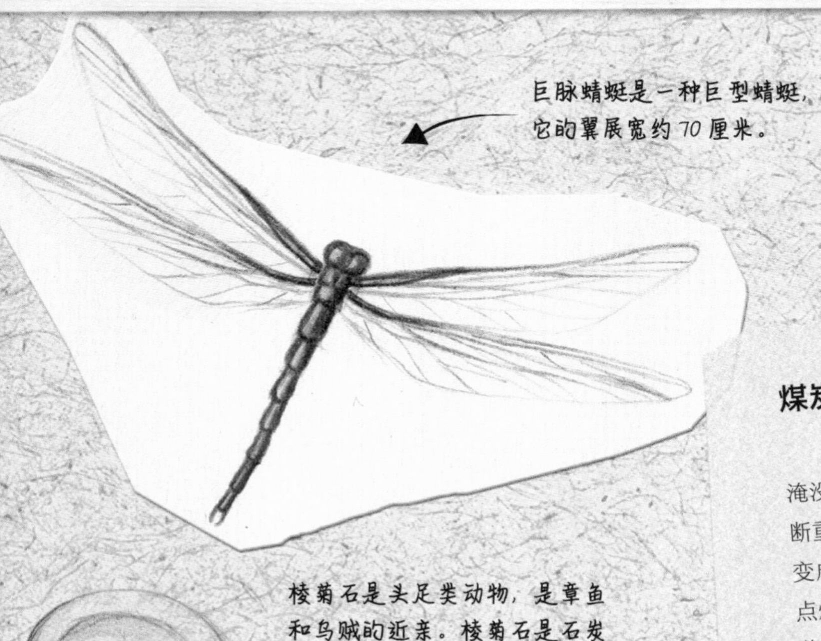

巨脉蜻蜓是一种巨型蜻蜓，它的翼展宽约 70 厘米。

棱菊石是头足类动物，是章鱼和乌贼的近亲。棱菊石是石炭纪时期海洋里的霸主。

煤炭：石炭纪的化石能源

石炭纪时期，生长在沼泽地区和沿海平原上的大片森林周期性地被海水淹没。海水涌来会摧毁一切；海水退去后，森林又会慢慢长出来，就这样不断重复，从而产生了大量的植物残骸。经过数百万年的分解，这些植物残骸变成了煤矿。在 19 世纪时，人们开始大量开采埋藏在地下的煤矿。煤炭被点燃后能产生巨大的能量。依托于煤炭资源，人们创造了许多发明，尤其是蒸汽机和火车。直到今天，煤炭仍是一种重要的发电能源。

摘自《能量资源》第 20 页

距今 2.99 亿年至 2.52 亿年前

二叠纪：爬行动物的王国

在二叠纪时期，各个大陆“融合”在一起，形成了一个超级大陆——盘古大陆（英文为 Pangaea，这个词源自古希腊语，pan 意思是所有，而 gaea 的意思则是地球）。盘古大陆的南部被冰川覆盖，而其他地方的气候则温暖干燥。在这一时期，蕨类森林消失了，它们被耐旱性更强的针叶林取代。沼泽干涸了，内海消失了，海平面下降了。许多海洋动物灭绝了，其中包括三叶虫及其他水生生物（比如我们在上一页看到的大型两栖动物）。与此同时，爬行动物发生了惊人的变化。我的朋友丽兹·阿登·伊丝是一名爬虫学教授，专门研究爬行动物。她很慷慨地同意我摘录她关于二叠纪爬行动物的课堂讲义。

巨蜥龙是生活在二叠纪初期的一种盘龙目爬行动物。这种食肉哺乳类爬行动物体长约 1.5 米。

《生物》第286讲：二叠纪的爬行动物

二叠纪时期的气候十分干旱，但爬行动物却适应得很好。它们的腿强劲有力，使它们能在干燥的土地上爬行；厚厚的鳞片状皮肤能保护它们不受燥热的伤害；羊膜卵也让后代摆脱了发育过程中缺水的痛苦。这一时期，主要出现了三大类爬行动物——无孔类、双孔类和下孔类。

1. 无孔类爬行动物：该类爬行动物是龟类的祖先，龟类是唯一存活至今的无孔类爬行动物。

2. 双孔类爬行动物：该类爬行动物是蜥蜴、蛇、鳄鱼、恐龙和鸟类的祖先。

3. 下孔类爬行动物：该类爬行动物也被称作哺乳类爬行动物，数量最多。该类爬行动物又分为盘龙目和兽孔目，后者正是哺乳动物的祖先。

在二叠纪时期，所有的大陆都“融合”在一起，形成了盘古大陆。

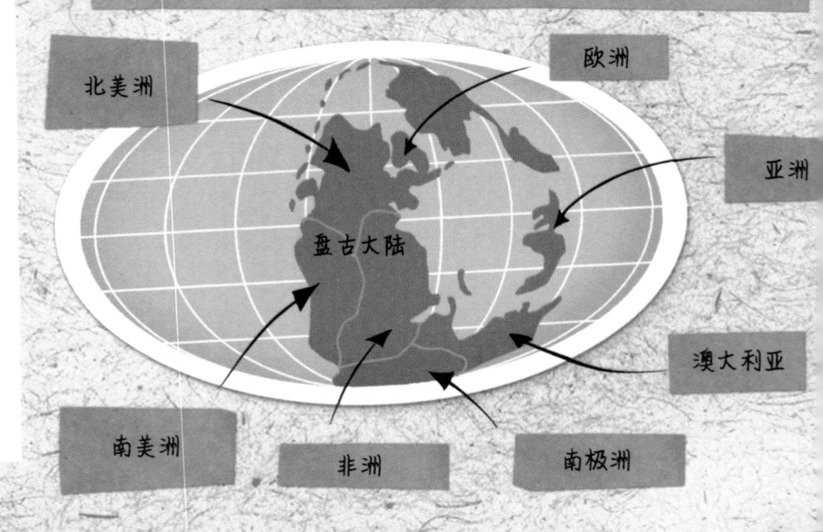

你养过爬行动物类的宠物吗？如果有的话，你肯定会注意到，天冷的时候，爬行动物动作缓慢，天气暖和时它们则会比较敏捷。这种现象十分正常。爬行动物属于变温动物，又被称作冷血动物，这意味着它们的体内不能产生足够的热量来供暖，体温会随外界温度的变化而变化。因为热量能提供能量，所以爬行动物在天气暖和的时候比较活跃，而在温度较低时则比较平静。在盘古大陆上，夜晚的温度会低至0℃，白天的温度则会高至40℃。科学家们认为，二叠纪早期的爬行动物跟如今的海龟和蜥蜴一样，也是在晚上休息，在温度较高的白天活动。还有一些爬行动物进化出了非常实用的调温系统，我们一起来看看下面的摘录吧。

异齿龙

异齿龙是一种盘龙目爬行动物，体长约2米。这种肉食动物的背部有一个巨大的扇形脊——背帆，其作用也许跟太阳能电池板相似。科学家们认为，天亮以后，异齿龙将背帆朝向太阳，从而“补充”热量和能量，让身体活跃起来。当白天吸收的热量达到最高值时，背帆又会起到相反的作用——帮助异齿龙散掉多余的热量。

摘自《生命之书》第42页

许多科学家认为，恐龙和今天的鸟类、哺乳动物一样，都是恒温动物。也就是说，恐龙能“产生”热量，并保持体温恒定。

安蒂欧兽是一种大型食肉类兽孔目爬行动物，它的下颌强健有力，长长的牙齿很像匕首。

麝足兽是一种大型食植类兽孔目爬行动物，体长约4米。

有史以来最严重的大灭绝

古生物学家们估计，在二叠纪末期，有95%生活在陆地和海洋中的物种消失了。为何会发生如此惨重的生物大灭绝灾难呢？对此我们无从知晓。有些科学家认为，也许是气候或海平面的剧烈变化导致的。还有一些科学家则认为，这场灾难可能是由于2.51亿年前一颗与珠穆朗玛峰差不多大小的陨石撞击地球造成的。这次撞击形成了大量粉尘，并导致了致命的火山爆发。

恐龙时代

距今 2.52 亿年至 2.01 亿年前

三叠纪：巨兽诞生了！

二叠纪末期的大灭绝使许多物种在地球上彻底消失，而那些逃过了这场灾难的动物不断繁殖并进化出了新形态。海洋中除了生活着大量的牡蛎、菊石、海百合、腕足类外，还出现了几种鲨鱼、鳐鱼以及不同种类的硬骨鱼。陆地上则生活着蜘蛛、蝎子、千足虫等节肢动物。鱼龙（海栖爬行动物）、翼龙（会飞的爬行动物）、鳄鱼、恐龙和哺乳动物也在这一时期出现。

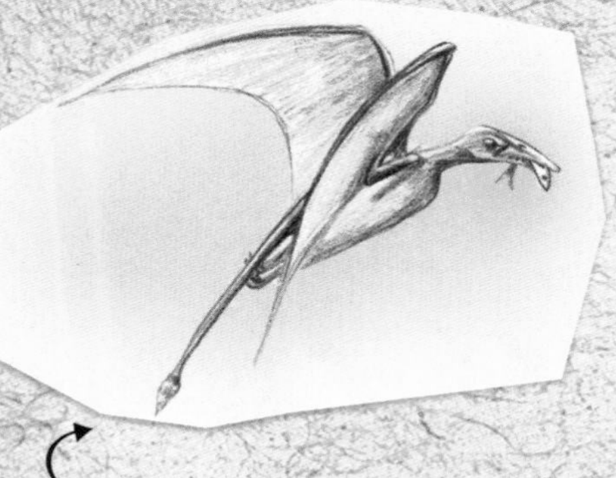

真双型齿翼龙是最早的翼龙之一，体型跟大型海鸥相似。

征服陆地后，还要征服海洋和天空！

在爬行动物征服陆地 8000 万年后，它们又征服了海洋和天空。鱼龙是最早生活在水里的爬行动物之一。它有长鼻子、鳍、像鱼一样的尾巴，身体看上去很像如今的海豚，所以特别适应在水里生活。在鸟类诞生 7000 万年前，翼龙就已经在天空中自在飞翔，它的翅膀由皮肤组成，就像今天的蝙蝠那样。翼龙是最早能飞行的爬行动物。

摘自《生物史》第 142 页

小型祖龙马拉鳄龙是早期恐龙的近亲。

秀尼鱼龙是三叠纪时期体型最大的鱼龙，体长可达 15 米，重达 20 吨。

始盗龙——一种原始恐龙

三叠纪时期出现了一种新的爬行动物——祖龙，这个名字的意思是“统治蜥蜴”。其中有一种祖龙很像鳄鱼，恐龙很可能就是从这种祖龙进化而来的。请读一读右边的这则材料，你就会明白啦！

始盗龙

最早的恐龙

渐渐地，一些祖龙不再用四条腿走路，而是变成了用两条腿走路的两足动物。经过数百万年的进化，最早的恐龙终于出现了。目前，人们已知的最早的恐龙是始盗龙，它生活在大约 2.28 亿年前的南美洲，也就是今天的阿根廷。这种原始恐龙是一种体长约 1 米的食肉动物，靠后肢行走。始盗龙的牙齿十分锋利，强劲的骨骼能让它们直起身子。

最早的哺乳动物

在二叠纪时期发生的生物大灭绝中，几乎所有哺乳类爬行动物都没能逃过此劫。幸存者里有一种犬齿龙，这类爬行动物的体型像狗，牙齿与哺乳动物相似（有门齿、犬齿和臼齿）。从三叠纪末期的化石来看，犬齿龙很可能全身都长满了毛发。在三叠纪时期，祖龙仍然主宰着地球。祖龙与兽孔目爬行动物进行着残酷的较量，它们比兽孔目爬行动物更加聪明，因而成功地消灭掉了大多数兽孔目爬行动物。只有少部分体型较小的兽孔目爬行动物由于更容易躲藏才幸存下来——它们进化成了最早的哺乳动物，我们人类也在其中。

大带齿兽体型较小，长得很像鼬鼠，以昆虫为食，很可能是夜行动物，也就是说，它晚上活动，白天睡觉。

三叉棕榈龙是一种体型跟猫差不多大小的犬齿龙，生活在三叠纪早期。作为哺乳动物的近亲，这种爬行动物身上可能长有皮毛，而且是恒温动物。

腔骨龙是最早的恐龙之一，体长约3米，生活在三叠纪中期。

板龙是最早的大型恐龙之一。这种食植动物出现在三叠纪末期，体长约5~6米。

由于后肢长在身体下方，恐龙成了跑得最快的陆生爬行动物。到了三叠纪末期，恐龙已经征服了地球。最早的恐龙体型相当小，体长约3~4.5米。直到侏罗纪时期，恐龙才进化成了我们印象中的庞然大物。

三叠纪末期的生物大灭绝

在距今约2.1亿年前的三叠纪末期，一场大灾难再次袭击了地球。在这一次的生物大灭绝中，约有75%的物种消失了，其中包括大多数哺乳类爬行动物、无脊椎动物、鱼类和海洋爬行动物。但海龟、鳄鱼、小型哺乳动物和恐龙都幸存了下来。

活动档案卡：历史上的大灾难

三叠纪时期的陆地与二叠纪时期的陆地极为相似。大部分陆地连在一起形成了盘古大陆，这使得爬行动物能自由地在这个超级大陆上穿梭。事实上，古生物学家已经在如今相隔甚远的不同大陆上，发现了同一个物种的化石。这说明在二叠纪和三叠纪时期，大陆的确是连在一起的。

侏罗纪：巨兽的天下

距今2.01亿年至1.45亿年前

史前景象

侏罗纪

白垩纪

古近纪

新近纪

在侏罗纪时期，温暖的浅海里遍布着绚丽的海绵和珊瑚礁，还有大量腕足类动物、蜗牛、海星、牡蛎、虾、龙虾和螃蟹。新的海洋爬行动物诞生了，其中包括蛇颈龙，它们与鱼龙、鳄鱼、海龟以及现代鲨鱼和鱼类的祖先生活在一起。而干燥的陆地上则生活着青蛙、蝾螈和蜥蜴。小型食虫哺乳动物继续保持低调，生活在恐龙的阴影下。那些在天空中自在飞翔的翼龙则进化出了不同类型，它们与一种新生物——鸟类共享天空。

翼手龙身上覆盖着细毛，翼展宽达1米。

腕龙是一种蜥脚类恐龙，高约12米，重约80吨——相当于12头大象那么重。尽管腕龙的四肢粗壮，但还没强壮到能支撑它奔跑。

三叠纪时期的物种灭绝为新物种的诞生留下了巨大的空间。广阔的针叶林提供了不限量的食物，加上几乎没有大型掠食者，恐龙便利用这得天独厚的优势，大量繁殖，并把个头长到奇大无比。侏罗纪时期的蜥脚类恐龙是一种食植动物，也是有史以来最大的陆生动物，它们的脑袋很小，脖子和尾巴很长，身体十分庞大，四肢强壮有力。这些巨兽可能得一直吃个不停，才能摄入足够的能量，满足身体的需求。与此同时，还有其他各种大小和形状的恐龙，比如异特龙（一种可怕的食肉动物）和剑龙（背上有一排骨质板）。

浅隐龙的脖子很长，甚至长达3~4米。

最早的鸟类

在侏罗纪时期，人们已知的最早的鸟类诞生了。早期，许多古生物学家认为始祖鸟就是最早的鸟类，它的名字意为“古老的翅膀”。但是，始祖鸟真的是鸟类吗？看看下面这段摘要，你会对这种神奇的动物有更多的了解。

始祖鸟是侏罗纪恐龙和现代鸟类的绝妙结合。这是否意味着，如今的鸟类就是侏罗纪恐龙的直系后代呢？相信你知道了这点后，绝对会以不一样的眼光来看待鸟类。

始祖鸟

当“鸟类”长出了牙齿

始祖鸟生活在大约1.5亿年前。和同时期的其他恐龙一样，始祖鸟也有长长的尾巴，还长着牙齿和爪子。始祖鸟是一种食肉动物，体型跟鸽子差不多大，它的翼展宽达60厘米，羽毛和现代鸟类的羽毛十分相似。古生物学家认为，始祖鸟可能不擅长飞行，因为与现代鸟类相比，它们尚未进化出强劲的肌肉组织来挥动翅膀。

生命博物馆

侏罗纪时期，盘古大陆逐渐分裂。各个大陆板块彼此远离，形成了今天的格局。这一时期的气候温暖湿润，海平面也上升了。

异特龙体长达12米，重达2吨，它的双颌上长满长达8厘米的锋利牙齿，爪子也十分强壮有力。毫无疑问，异特龙是侏罗纪时期最可怕的食肉动物。

剑龙体长约8~9米，重约3吨。它的背上有一排骨质板，可能是用来吸收太阳热量，或者能帮它更快地散热。有些剑龙的尾巴上长有尖刺，使敌人“敬而远之”。

恐龙的种类实在是太多了。它们有的大，有的小；有的用两条腿走路，有的则用四条腿；有的吃植，有的吃肉，还有的吃昆虫。恐龙统治地球的时间长达1.6亿年！我实在忍不住，多花了些篇幅来介绍恐龙。

恐龙：神奇的生物

大约在19世纪20年代，威廉·巴克兰教授和吉迪恩·阿尔杰农·曼特尔医生分别发现了恐龙骨骼化石。他们都认为，这种骨头化石应该是某种巨型蜥蜴的遗骸。1842年，一个名叫理查德·欧文的英国人对这些发现作出了新的解释，让人们看到了曙光。理查德·欧文仔细对比了这些化石和现在的爬行动物之间的区别，最后得出结论——这些骨头属于很久以前的巨型爬行动物。他将它们命名为“恐龙”（英文单词为dinosaur，原意为“可怕的蜥蜴”）。没过多久，这些“可怕的蜥蜴”就引起了人们极大的兴趣，人们争先恐后地去寻找更多的恐龙化石。从那以后，年复一年，人们对地球的了解也越来越丰富了。

这是一尊禽龙雕像，由本杰明·瓦特豪斯·郝金斯于1853年制成。同年早些时候，郝金斯邀请科学家理查德·欧文和其他20名同行共赴晚宴。你知道这次晚宴是在哪里举行的吗？正是在用来制作这尊著名雕像的模具里——在这种地方举办晚宴，一定会让人食欲大增吧！

我每个星期都会收到几百封咨询信件，其中有许多问题是关于恐龙的。我挑选了一些放在本页。（顺便说一句，我要感谢我的好朋友塞缪尔，尽管他才11岁，却帮我画了这么精美的插图，真的很有才华呀！）

我们如何给恐龙称重呢？

乔纳森

我们可以通过化石来估算恐龙的体重。比如，先测出恐龙腿部最长骨头的长度，然后通过巧妙的数学计算，估算出恐龙的体重。此外，我们也可以制作一个小型恐龙模型，把它浸入水中，然后计算这个模型所排出的水量是多少，再通过数学公式来估算恐龙的体重。不过，这些方法都不是完全准确的。事实上，没有人知道恐龙到底有多重。

所有恐龙都灰不溜秋的吗？

罗斯

对动物来说，颜色也是一种语言。比如，动物们可以用颜色来示警，或者吓跑敌人。如今，鸟类、鱼类、两栖动物以及爬行动物都有五彩缤纷的颜色。你也许正在嘀咕我到底想说什么。嗯，事实上，我想说的是，目前，古生物学家已经成功复原了一些恐龙的颜色。未来，相信随着技术的发展和新化石的发现，我们会有机会了解更多恐龙的颜色，还原恐龙世界的真实色彩。

我们怎样才能知道恐龙吃什么呢？

苏西

通过研究不同恐龙的牙齿化石，我们就能判断其食性。锯齿状的牙齿能切割肉，说明是肉食性恐龙。和鳄鱼一样的锥形牙齿，说明是以鱼类为食的恐龙。扁平状的牙齿能磨碎植物，则说明是植食性恐龙。保存完好的胃部化石也是很好的研究资料，古生物学家通过研究恐龙胃部化石，就能推断出恐龙生前吃了哪些食物。动物排泄后的粪便形成的粪化石含有食物残渣，人们通过研究粪化石也能判断动物的食性。

恐龙也有语言吗？

尼古拉斯

目前，古生物学家尚未发现跟发声有关的恐龙器官的化石，比如声带。但有趣的是，通过对恐龙头盖骨化石的研究，人们发现，这些动物可能具备能感知声音的内耳。所以，如果恐龙能听到的话……那一定是有什么可以让它听的声音。20 世纪 90 年代的研究表明，某些恐龙可以通过振动喉咙里的软骨来发声。还有一些恐龙，比如鸭嘴龙，也许是通过头上的冠来发声的。有一件事可以肯定——恐龙彼此之间能进行交流，这说明它们一定有属于自己的语言。

关于恐龙的更多信息

我的爬虫学家朋友丽兹·阿登·伊丝寄来了一些恐龙名片，这些都是她自己制作和收集来的（在此要感谢丽兹提供的帮助）。我想展示其中一部分给你们看看。

梁龙

名字含义：双倍的横梁（指其脖子和尾巴）

年代：侏罗纪

大小：身高约 7 米，体长约 26 米，其中脖子长约 8 米

体重：约 20 吨

食性：植食性

梁龙的脖子又长又重，虽然它的肌肉强健有力，但还不能使脖子立起来。所以科学家们认为，梁龙的长脖子大部分时间都是平放着的。

三角龙

名字含义：脸上长着三个角

年代：白垩纪

大小：体长约 10 米，身高约 3 米

体重：6 吨

食性：植食性

三角龙头部附近的骨质褶皱看上去就像一个盾牌，被称作头盾。科学家们认为，头盾能变色，在求偶时可吓退其他雄性竞争者。

我的恐龙清单

最重的恐龙：阿根廷龙，体重约 100 吨（相当于 20 头大象那么重）

最长的恐龙：汝阳龙，体长约 38 米

脖子最长的恐龙：马门溪龙，脖子长达 13 米

最高的恐龙：波塞东龙，身高约 20 米

最小的恐龙：小盗龙（体型跟鸡差不多大）

跑得最快的恐龙：似鸸鹋龙，奔跑速度约为 60 千米 / 小时

最危险的恐龙：霸王龙

副栉龙

名字含义：长着头冠的蜥蜴

年代：白垩纪

大小：体长约 10 米，身高约 5 米

体重：4 吨

食性：植食性

副栉龙的骨质头冠长约 1 米，内部中空。有些人猜测，这个头冠就是副栉龙的发声器，气流从中穿过，引起振动发声。

在哪里能看到恐龙呢？

巴黎：法国国家自然历史博物馆
伦敦：自然历史博物馆
柏林：自然博物馆
莫斯科：俄罗斯科学院古生物研究所
北京：自然博物馆
纽约：美国自然历史博物馆
多伦多：皇家安大略博物馆

肿头龙

名字含义：头部厚重的蜥蜴

年代：白垩纪

大小：体长约 4 ~ 5 米，身高约 3 米

体重：1 ~ 2 吨

食性：植食性

肿头龙长着一颗大脑袋，其直径达 60 厘米，顶部的头盖骨厚度达 25 厘米。这么厚的头盖骨在搏斗中也许是个好武器，能发挥“铁头功”的作用。

霸王龙

名字含义：暴君蜥蜴

年代：白垩纪

大小：体长约 12 米，高约 6 米

体重：约 6 吨

食性：肉食性

霸王龙是真正的“杀人机器”，杀伤力超级强。它的嘴巴能长到 1 米宽，里面有 60 颗长达 20 厘米的牙齿。

甲龙

名字含义：坚固的蜥蜴

年代：白垩纪

大小：体长约 10 米，高约 2.5 米

体重：5 吨

食性：植食性

甲龙有一些对付敌人的武器——身上覆盖着厚厚的鳞片（像块巨大的甲板）、背部两侧有刺，还有一条威猛有力的棒槌尾巴。

电影制作人特别喜欢恐龙题材。目前至少有 80 多部恐龙题材的电影。

CINEPLEX ODEON
Aud:7 12:00 03
LE PARC JURAS
$
PRE-VENTE NI REMBOURSABLE NI

《侏罗纪公园》（美国，1993 年）

CINEMAS IMPE
SEPTEMBER 6, 1925
19:00 0,25¢
THE LO

《失落的世界》（美国，1925 年）

LE DERNIER
(THE LAST
VENDREDI 09 MARS
SECTION BALCON
RANGÉE HH

《最后的恐龙》（美国、日本，1977 年）

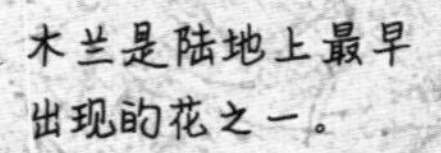

木兰是陆地上最早出现的花之一。

距今 1.45 亿年至 6600 万年前

白垩纪：恐龙世界的终结

好了，我们来继续回顾生命的旅程吧！接下来，我们要进入白垩纪时期，我姐姐寄给我的一些文件要派上用场啦！

生命博物馆

游客指南

（参观完侏罗纪展厅后，请沿走廊走到 C-146.66 号房间。你在那里将会看到白垩纪的微缩展。请戴上耳机，按下红色按钮，好好欣赏吧！）

展厅快览

白垩纪

这一时期的海平面至少比今天高 100 米。海洋生物疯狂扩张，海里到处都是蜗牛、螃蟹、龙虾、海星、海胆、水母和各种贝类。鱼类仍旧快速发展，它们与蛇颈龙、鱼龙以及一种新的大型海洋爬行动物——沧龙共享这片家园。陆地上出现了蛇，还有一些新的哺乳动物，比如有袋类动物（这类动物把刚出生的小动物装在腹部的育儿袋里）。另外，白垩纪时期恐龙的数量和种类比以往任何时候都要多。这一时期，开花植物出现了，最早的授粉昆虫（蜜蜂、胡蜂和蝴蝶）也出现了，这些昆虫在花朵之间传递花粉，让开花植物能够繁衍。而天空则由鸟类与翼龙共享。

风神翼龙是白垩纪时期的一种翼龙，也是有史以来最大的飞行动物。风神翼龙的翼展约 12 米，相当于一架小型飞机那么大。

浮龙是一种沧龙，体长达 10 米。

白垩纪“闻”起来甜甜的！

克里斯 · 安瑟蒙姆 / 文

本周，来自布奎特维尔的阿 · 扎勒亚问我，到底是先有授粉昆虫，还是先有花朵呢？授粉昆虫和花朵之间的关系十分密切，我们很难判断到底谁先谁后。多亏了授粉昆虫，开花植物才能如此迅速地扩展开来。为了能吸引授粉昆虫，开花植物使出了许多妙招——艳丽的颜色、迷人的气味和美味的花蜜。由于有了这种新的食物，昆虫们也随之繁盛起来。总之，授粉昆虫和开花植物互相成就，缺一不可。

摘自《植物爱好者》2015 年 3 月刊

恐爪龙是一种食肉动物，站起来身高约 1.5 米，它们很可能是群体狩猎。

到了白垩纪时期，许多蜥脚类恐龙（如侏罗纪时期的巨型食植恐龙）已经消失了，它们被体型更小、速度更快的恐龙取代，比如鸭嘴龙（这种恐龙的嘴巴像鸭嘴）、甲龙（全身被厚重鳞片覆盖，还长着尖刺）和角龙（这种恐龙长有角和褶边）。这些食植恐龙数量庞大，为食肉恐龙提供了充足的食物来源，比如恐爪龙（拥有凶猛的爪子）、似鸟龙（跑得很快），还有我在前面提到过的非常“可爱”的暴君——霸王龙。

似鸟龙时速可达 50 千米。

在距今 6600 万年前的白垩纪末期，一场灾难袭击了地球。这场灾难导致地球上 76% 的物种彻底灭绝了，包括恐龙在内。请看看这篇写于 1980 年的文章，它详细探讨了这次灾难的原因。

恐龙灭绝大揭秘

来自美国加利福尼亚大学的研究人员路易斯·阿尔瓦雷斯和他的同事们认为，他们已经弄清楚了恐龙灭绝的原因。该研究小组称，这场灾难是由于一颗直径约 10 千米的陨石撞击地球所致。这次撞击引起了强风和海啸，陆地上的大片植被被烧毁，大量的尘雾笼罩在地球上方，使阳光在长达几个月的时间里都无法到达地球表面。由于缺少阳光，地表温度急剧降低，植物也因无法进行光合作用而大量死亡。这样一来，由于缺少果腹的植物，食植恐龙灭绝了，食肉恐龙也随之灭绝了。

白垩纪时期，陆地板块仍在继续分离，这一时期的气候温暖湿润。这幅地图上的红点处指的就是希克苏鲁伯陨石坑的位置。

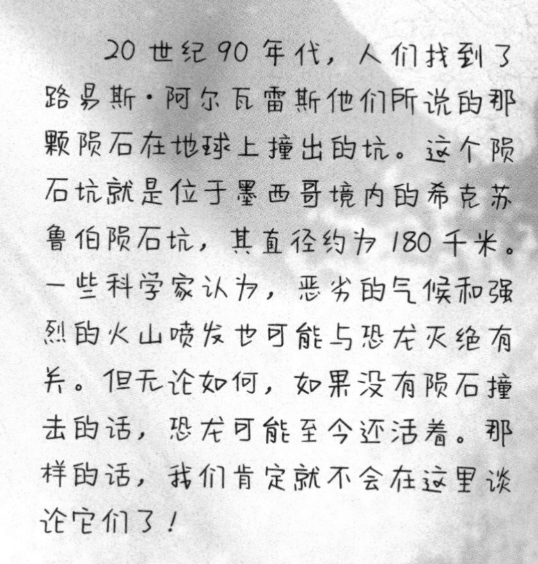

20 世纪 90 年代，人们找到了路易斯·阿尔瓦雷斯他们所说的那颗陨石在地球上撞出的坑。这个陨石坑就是位于墨西哥境内的希克苏鲁伯陨石坑，其直径约为 180 千米。一些科学家认为，恶劣的气候和强烈的火山喷发也可能与恐龙灭绝有关。但无论如何，如果没有陨石撞击的话，恐龙可能至今还活着。那样的话，我们肯定就不会在这里谈论它们了！

距今约 6600 万年至 2300 万年前

哺乳动物的胜利

古近纪：哺乳动物的崛起

亲爱的弟弟：

我刚从古近纪旅行回来（当然啦，我指的是在生命博物馆里）。古近纪带给我的震撼尚未消散，我觉得自己对这段时期简直一无所知。不过，恐龙虽然灭绝了，但并没有我想象中那么令人难过。因为恐龙虽然离开了这个美丽的星球，但它们的离去却为其他动物腾出了生存空间。在古近纪时期，出现了许多我们熟知的鸟类，比如猫头鹰、鹰和鹈鹕。在陆地上，哺乳动物则进行了一场不可思议的革命。这些小生灵不用再躲躲藏藏地过日子了，它们从藏身的地方走出来，不断繁殖、成长，进化出了各种各样的形态。很快，哺乳动物就占领了地球，从北极到南极，无所不在。它们有的擅长游泳，有的擅长奔跑，有的慢慢爬行，有的蹦蹦跳跳地走路，还有的在天空中飞翔……多么有趣啊！我对这些毛茸茸的小祖先怀有一种莫名的自豪感。

附言：这个月末你还来看我吗？到时我们可以一起去逛逛博物馆。

爱你的姐姐

哺乳动物获得了巨大的成功，它们的身体特征几乎完美地匹配了生存环境。它们的牙齿很特殊，能嚼碎各种食物。它们的皮毛能维持体温，而且还是温血动物（这意味着无论天气冷热，它们都能保持恒定的体温）。此外，一些雌性哺乳动物还进化出了胎生方式，也就是说，它们的幼崽会在母亲体内待到出生为止，这种繁育方式比卵生要安全得多。

单孔目动物是一种原始的哺乳动物，它们会像自己的爬行动物祖先那样产卵，比如澳大利亚的针鼹（又名刺食蚁兽）。像考拉这样的有袋类动物不产卵，它们会产下尚未完全成形的幼崽，然后让幼崽在母亲腹部的育儿袋中继续发育。

刚出生的哺乳动物幼崽以母亲的乳汁为食。哪怕缺乏其他食物，乳汁也能为它们提供生长所需的能量。哺乳动物是模范父母，有时会照顾它们的孩子好几年。在父母的充分照顾下，哺乳动物幼崽拥有了最佳的生存机会。

妊娠：一项令人欣慰的发明

妊娠，是指雌性哺乳动物受孕后，让胎儿在体内发育至出生的过程。这种方式可以让胎儿免受捕食者和外部震动的伤害，同时也确保胎儿享有舒适的温度和稳定供给的营养。一种叫作胎盘的新器官连接着母亲和胎儿，并将母亲的血液输送给胎儿，这种血液里含有胎儿成长所需的营养成分。我们把能通过胎盘在体内养育胎儿的动物称为胎盘类哺乳动物。

摘自《伟大的生物发明》第 74 页

古近纪时期，大陆继续分离，气候温暖湿润，就连两极地区也是如此。到了古近纪末期，气温降低了，气候也变得干燥了。

巨鸟称霸

古近纪时期出现了不飞鸟目，这是一群可怕的食肉鸟类。人们在北美、欧洲和中国等地发现了不飞鸟目的化石。这些巨鸟不会飞，但跑得很快。它们取代了白垩纪末期可怕的食肉恐龙，成为早期哺乳动物中最大的食肉动物。不飞鸟是这类鸟中最有名的，它的身高超过 2 米，喙强劲有力，爪子也非常大。

摘自《生物史》第 138 页

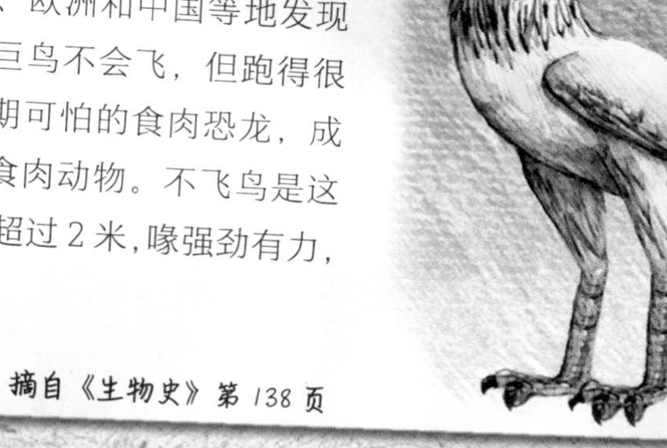

从古近纪中期到末期，哺乳动物越来越多，并进化出了许多不同形态。比如，蝙蝠出现了，鲸、马、犀牛、牛、熊、骆驼出现了，早期的兔子、老鼠、海狸、仓鼠、狗和海豹也出现了。古近纪时期的哺乳动物真是太令人着迷了。既然图片胜过千言万语，那我就给大家看一些精美的图片吧！这些图片是我从一本关于哺乳动物学（即研究哺乳动物的科学）的书中找到的。

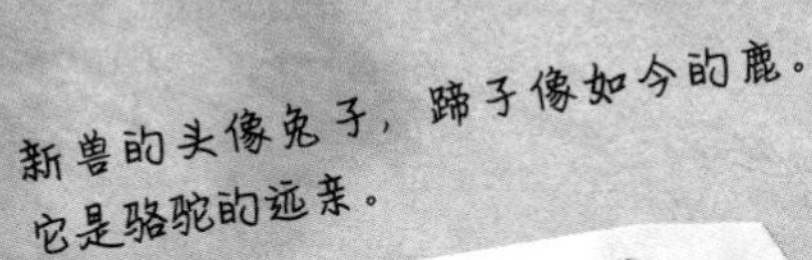
新兽的头像兔子，蹄子像如今的鹿。它是骆驼的远亲。

巨犀生活在亚洲。这种奇怪的食植动物看起来像是长颈鹿和犀牛的结合体。巨犀站起来高达 5 米，是有史以来陆地上最大的哺乳动物。

蒙古安德鲁斯中兽是有史以来陆地上最大的食肉类哺乳动物。人们在蒙古发现了它的化石。这种动物以腐肉（或动物尸体）为食，它的体长达 5 米，仅头部就长达 1 米。

尤因它兽是一种生活在美国西部的哺乳动物。它有大型犀牛那么大，头部长着 3 对凸起的角，可能用于雄性间的搏斗。

距今 2300 万年前至今

新近纪和第四纪：草地上生机勃勃

现在，我们来到了新近纪和第四纪。这一时期的地球看起来和今天的地球很像。许多古老的物种消失了，给现代物种留下了生存空间。南极洲与南美洲分开了，被越来越厚的冰层覆盖着。在世界上的其他地方，海平面逐渐降低，露出了连接着不同陆地板块的狭长地峡。这些变化对海洋和气流造成了干扰，使气温逐渐降低，气候变得干燥。在北半球，原本茂密的森林变成了广阔的草地。这些变化给动物带来了新的挑战，它们必须适应新的环境。通过研究化石，我们可以重现动物的进化过程。接下来，我给大家举一个很有趣的例子。

始祖马是现代马的祖先，它们以水果和种子为食，生活在森林里。始祖马跟狗差不多大小，脚底有较厚的肉垫。在新近纪时期，始祖马的牙齿变大了，这样可以更好地咀嚼牧草。为了能更好地逃过捕食者，它们的腿变长了，脚趾也变少了。

始祖马（距今约 5000 万年前），其前蹄有 4 个脚趾，后蹄有 3 个脚趾。

渐新马（距今约 4000 万年前），前后蹄均为 3 个脚趾。

草原古马（距今约 1700 万年前），前后蹄均为 3 个脚趾。

上新马（距今 1000 万年前），前后蹄均为 1 个脚趾。

马（距今 400 万年前），前后蹄均为 1 个脚趾。

新近纪时期，地球的整体面貌已经和今天很像了。雄伟的山脉拔地而起——北美洲的落基山脉、南美洲的安第斯山脉，还有亚洲的喜马拉雅山脉。

伟大的旅行

新近纪时期，由于海平面降低形成了大陆桥，许多动物能够穿越各大板块，去寻求新的生存空间。大象的祖先和早期的猴子就是其中最典型的例子，它们从非洲迁徙到了欧亚大陆。犀牛、大型猫科动物、长颈鹿、羚羊则相反，它们从欧亚大陆来到了非洲。

摘自《生物史》第 155 页

新近纪的哺乳动物

新近纪时期的一些哺乳动物与今天的哺乳动物有非常大的区别。下面是几个例子。

袋剑齿虎是一种有袋类哺乳动物，生活在南美洲。它看起来很像大型猫科动物，长着长长的尖牙，可以撕裂猎物的肉。

恐颌猪是一种杂食动物（即植类和肉类都吃），生活在北美洲。它与公牛差不多大，体长达3米。

索齿兽生活在北美洲西海岸和日本海岸。这种动物看上去挺奇怪的，它的习性与今天的河马相似。

灵长类崛起

在新近纪时期，一种非常有趣的动物——灵长类动物出现了。在这一时期，灵长类动物已经有了许多种类。最早的灵长类动物并不是常规意义上的猴子，而是一种生活在树上的小巧敏捷的动物。直到3000万年前，真正意义上的猴子出现了，既包括生活在树上的小型猴子，也包括体型较大的类人猿（包括长臂猿、猩猩、大猩猩、黑猩猩以及后来出现的人类）。

埃及猿是最早出现的灵长类动物之一，约出现在3000万年前。

灵长类动物：天赋异禀的动物

灵长类动物主要由树栖动物（即生活在树上的动物）组成。这类动物具有这些特征——大脑发达，上下肢可以弯曲（能抓住东西），手掌和脚掌的大拇指可以与其余四指对握（人类的脚掌除外），指甲呈扁平状。灵长类动物的嗅觉功能较弱，但视觉功能较强，具有立体视觉，还能辨认颜色。灵长类动物一般过着有组织的群居生活，通常是单胎生动物（即一胎生一个幼崽），父母会照顾幼崽很长一段时间，直到其成年为止。

摘自《灵长类动物之书》第7页

对于外星人来说，人类的历史并不会比地球上其他生物的历史更有趣。但对于我们来说，人类的进化史非常重要！接下来，让我们一起来好好探索人类的起源吧！准备好了吗？出发吧。

亲爱的神奇教授：

我从表哥借给我的杂志上得知“人类是从猿猴进化而来的”。难道我们人类从前是黑猩猩吗？

露西尔

人类的故事

黑猩猩是黑猩猩，人类是人类。即使再花上100万年的时间，黑猩猩也不会进化成人类。露西尔和各位小读者要记住这一点哟！大猩猩、长臂猿、黑猩猩、猩猩和人类都是类人猿，它们彼此间是近亲关系，有一个共同的祖先——猿。这就是为什么有些人宣称人类是从猿进化而来的。以你的家庭为例，你的祖父母有孩子，他们的孩子后来又有了各自的孩子，包括你在内的这些孩子都是近亲关系。也许你和表哥长得不太像，但你们有共同的祖先——你的祖父母。类人猿的“大家庭”也如此，大猩猩、长臂猿、黑猩猩、猩猩和人类并不是彼此的后裔，但他们有一个共同的祖先。那么，这位祖先到底是谁呢？

原康修尔猿最可能是类人猿的祖先。这位“老爷爷”生活在2000万年前温暖潮湿的非洲森林里。他用四条腿走路，很可能住在树上。那原康修尔猿是如何进化成原始人类的呢？很遗憾，我们无从得知。在20世纪80年代初期，法国科学家伊夫·柯本斯提出了一个有趣的理论，解释了原康修尔猿是如何“转变”为原始人的。详情请参考下文。

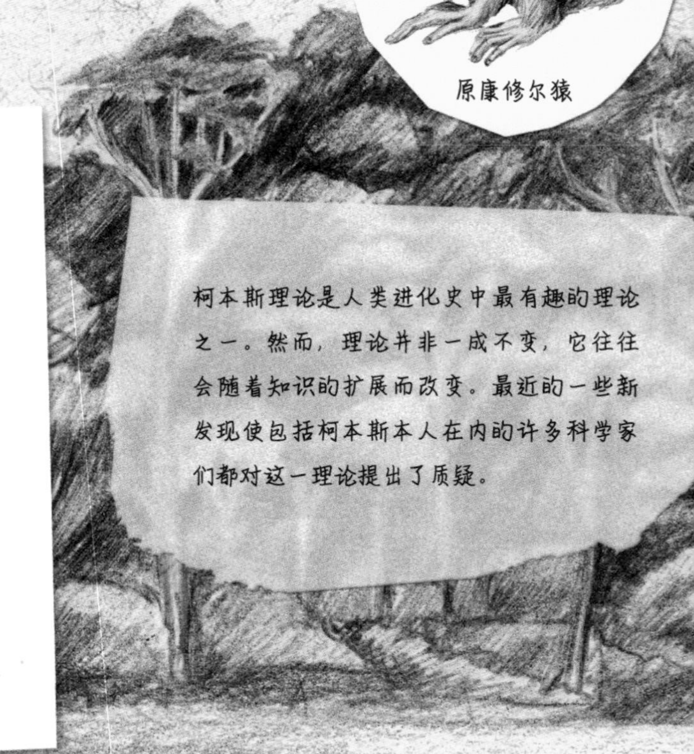

原康修尔猿

柯本斯理论是人类进化史中最有趣的理论之一。然而，理论并非一成不变，它往往会随着知识的扩展而改变。最近的一些新发现使包括柯本斯本人在内的许多科学家们都对这一理论提出了质疑。

最早的原始人类也许是这样诞生的

从新近纪开始，非洲大陆就发生了巨大的变化。地壳破裂了，形成了一条纵贯南北的“大裂缝”，如今被称为东非大裂谷。东非大裂谷逐渐把非洲分成了两块——裂谷以西和裂谷以东。裂谷以西的气候仍然温暖潮湿，于是，从原康修尔猿逐渐进化出了人类的近亲黑猩猩和大猩猩，它们都是树栖动物。在大约800万年前，裂谷以东的气候逐渐变得干燥，森林逐渐变成大草原。由于缺少树木，靠两条后腿站立的动物显然更能适应这种新环境。就这样，在东非大裂谷的东侧，原康修尔猿逐渐进化成了原始人类。

摘自《生命史》第192页

原始人类或两足行走者

南方古猿是从猿到人演化过程中关键的一环。南方古猿的身高和体重与 7 岁大的儿童相当，它们的上半身看起来像黑猩猩，下半身则更像人类。最重要的是，它们会直立走路，两条后腿摇摇摆摆地走着，背微微弓起。请看看我贴在下面的这篇文章吧！我真不敢相信这篇文章已经有将近 50 年的历史了。

埃塞俄比亚惊现南方古猿化石

埃塞俄比亚，1974 年

古生物学家唐纳德 · 约翰森和他的团队发现了 52 块骨片化石，这些骨片属于一个新的物种——南方古猿，它们生活在距今 322 万年至 310 万年前。约翰森团队将这具骨骼命名为露西，露西是雌性，年仅 20 岁，身高约 1.1 米、体重约 29 千克。与用四条腿走路的猿类相比，露西的骨盆又低又宽，这表明它可以直立行走。然而，它的短腿和较长的手臂则提醒我们，露西的形态介于猿类和人类之间。所以，毫无疑问，我们应该到非洲去寻找原始人类的踪迹。

人们在肯尼亚发现了最古老的南方古猿化石。科学家们推测，在距今 400 万年至 150 万年前的南非和东非地区似乎存在着好几种南方古猿，它们也许还共同生活过。最后一批南方古猿还与早期人类共同生活过，并在大约 150 万年前灭绝了。我们无从得知南方古猿灭绝的原因，对它们的生活方式也知之甚少。我在父亲的图书馆里找到了一本小说，作者受 1974 年考古发现的启发，想象了年轻的南方古猿露西的日常生活。

一个年轻南方古猿的生活　　67

露西正在图尔卡纳湖的岸边休息，和它在一起的还有氏族里的其他 20 名“女人”。它们正仔细地将早上采来的水果和根茎分类。这些食物要一直吃到“男人”们狩猎归来，它们会带回小猪、野兔，要是运气好的话，还能打到羚羊供大家美餐一顿。突然，露西神色紧张地看向远方，一听到稀树草原上草丛里发出的沙沙声，它就紧张得浑身发抖。黎明时分，两只剑齿虎向这边靠近，这让露西它们非常担忧。远处，有三头恐象正慢慢走着，它们懒洋洋地摆动着鼻子，一边走一边撕扯着地上的草。一群三趾马正安静地吃着草，它们会最先发出警告。一旦有了轻微的警告，露西和它的同伴们就会迅速带着孩子爬上合欢树，让孩子们免受伤害。

南方古猿在许多方面与我们相似，尽管如此，它们还不是人类。科学家把人类归为人属。目前，人属共有 17 个种，他们都具有以下特征：第一，人属动物的头盖骨和脑容量都比南方古猿的大；第二，人属动物能用两条腿直立行走；第三，人属动物知道如何制作和使用工具。科学家们推测，第一个真正意义上的人类大约出现在 250 万年前的非洲。他到底是怎么出现的呢？我们并不清楚。然而，古生物学家发现的少量化石证明，人类从这时开始就在不断进化。我请好友杰克·斯凯尔顿帮忙，向大家介绍人类目前在这方面取得的成果。（下面这些关于古人类的图画都是他的杰作。）

2001 年 7 月，人们在非洲的乍得发现了距今约 700 万年的古人类化石。这些化石被命名为“图迈”。经过研究，“图迈”目前已被大多数考古学家公认为是人类的祖先。

工具

古人类学家在肯尼亚北部发现了由人类祖先制造的迄今最古老的工具——距今约 330 万年的石器。这一发现将人类制造工具的历史向前推进了 70 多万年。这些古老的石器由石头相互敲打制成，被用来切割动物尸体、雕刻木头或碾碎坚果。

摘自《发明家和发明》第 179 页

石斧

能人——最早的人类

目前，我们已知的最早的人类——能人，大约生活在 250 万年前的非洲东部。能人，意思就是“手巧的人”。能人与南方古猿的体型差不多，而且很可能善于攀爬，但能人的脑容量可比南方古猿大多了！科学家们推测，能人吃树叶、水果、树根以及大型食肉动物吃不完的尸体（比如羚羊、大象等）。

能人

鲁道夫人与能人生活在同一时期。它们比能人高一点儿（平均身高约 1.5 米），脑容量也更大一些。鲁道夫人不吃肉，只吃素，它们的下颚很有力量，也许比能人站得更直，走路也更快一些。

鲁道夫人

匠人大约于190万年前出现在非洲。匠人与能人生活在同一时期，它们也许是直立人的祖先。

匠人

直立人——站起来的猿人

直立人，是指“站起来的猿人”，大约出现在190万年前。直立人身高约1.7米，体重约55千克，比过去的原始人更高、更重。直立人看起来很像现代人。他们直立行走（这就是他们名字的来源），额头低平，脑容量明显比现代人小。直立人能用燧石做成两面都很锋利的工具，这比能人制造的工具更加复杂精细，可用来对食物（比如水果、根茎、鱼和肉等）进行切片、砍碎或压碎。人们认为，直立人之间可能已经有了清晰的语言。因为直立人的喉头形状适于发声，而且大脑发达，能理解同伴之间发出的声音。

直立人

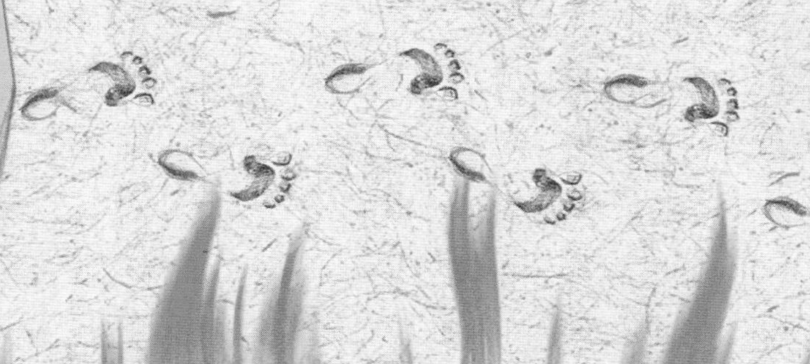

火

直立人已经学会利用自然界中的火（比如闪电击中树木产生的火）来烹饪食物了。煮熟的食物味道更好，也更容易消化。有了火以后，野生动物就不敢靠近直立人了，直立人还能靠火御寒取暖，那些黑漆漆的洞穴在火光的照耀下也变成了舒适的家。在制作工具时，火的用处也很大——它能使木制矛的尖端变硬，也能使石头更易切割。

摘自《发明家和发明》第53页

直立人善于走路。他们越过非洲北部边界，走向了世界各地。慢慢地，直立人在亚洲和欧洲定居下来，为了适应新的环境，直立人将继续新的进化之旅。

第四纪时期的冰期

在过去的 40 多亿年里，地球曾经历过几个非常寒冷的时期，这一时期被称为冰期或冰河时代，两次冰期之间相对温暖的时期被称为间冰期。最近一次的冰期是第四纪冰期。在冰河时代，冰川几乎覆盖了三分之一的陆地表面，包括欧洲和北美洲北部地区。北半球生活着很多适应了寒冷气候的动物，比如长毛猛犸象、长毛犀牛和巨鹿等。在温暖的间冰期，这些动物会向北迁移，它们腾出的空间会被那些更适应炎热气候的动物据为己有，比如羚羊、河马和穴居熊。许多第四纪冰期时代的动物都已经消失了——这可能是气候变化导致的，也可能是人类过度捕猎所致。

摘自《地球》第 72 页

人们在西伯利亚的冰层里发现了许多保存完整的长毛猛犸象遗骸。这些庞然大物身高达 3 米，体重达 5~8 吨，不过，它们在大约一万年前就消失了。

第四纪冰期结束于一万年前。现在，我们正处于温暖的间冰期，一些科学家推测距离下一个冰河时代还有上亿年，另一些科学家则预测冰河时代即将来临。

洞穴熊的头盖骨非常大。科学家们认为，这类动物的主要敌人是原始人，他们经常抢夺洞穴熊的窝。

尼安德特人

大约在 25 万年前，尼安德特人出现在了欧洲。他们居住在寒冷地区，比直立人更加强壮，身高约 1.65 米，体重达 90 千克，非常适合严酷的北方气候。尼安德特人的胳膊和腿都很短，这样一来，暴露在严寒中的身体就更少些。由于尼安德特人使用的工具和技术更加先进，所以他们很可能善于捕猎。尼安德特人生活在洞穴里，他们也会用长毛猛犸象的头骨、獠牙、肩胛骨等搭建“小屋子”。

尼安德特人

尼安德特人用长毛猛犸象骨头搭建的“小屋子”。

智人：现代人

30 万年前智人出现了。智人又被称为现代人——我们都属于这个物种。智人的颧骨突出，下巴很尖，四肢修长，身材也比过去的原始人更加苗条。可智人到底是从哪里来的呢？古生物学家认为，智人起源于非洲的某个地方，然后迁徙到了亚洲和欧洲。智人与尼安德特人曾有过接触，他们到底是朋友还是敌人呢？我们无从得知。但有一件事十分确定——尼安德特人大约在 3.5 万年前就灭绝了，而智人则征服了每一块大陆，是唯一活到今天的人类物种。

智人

智人的艺术感很强，在欧洲和亚洲的一些洞穴墙壁上能看到智人创作的艺术作品。

肖维岩洞

1994 年 12 月 18 日，三位洞穴学者（也称洞穴学家）——让-马林·肖维、艾利特·布鲁内尔-德尚和克里斯蒂安·希拉尔有了一个惊人发现。当时，他们正在法国东南部阿尔代什省的洞穴里探险。他们发现洞穴里有数百幅史前绘画和雕刻，上面画着犀牛、狮子、熊、长毛猛犸象、野牛和马等动物。这些远古人类的壁画作品经受住了时间的考验，完好地保存了下来，其历史可以追溯到 3 万多年前，是迄今为止我们发现的最古老的艺术作品之一。

摘自《巧夺天工的奇珍异宝》第 130 页

在印度尼西亚发现新人类化石

2004 年 10 月 30 日

10 月 28 日，澳大利亚和印度尼西亚的古生物学家宣布，他们在印度尼西亚的弗洛里斯岛发现了一种新人类物种化石，共有 7 具，这种新人类生活在距今 3.8 万年至 1.8 万年前，其中包括一具保存较为完好的女性骨骼化石，距今约 1.8 万年。这些弗洛里斯人很可能只有 3 岁小孩那么高，大脑只有葡萄柚那么大，但他们已经会使用火，并能够制造工具了。

弗洛里斯人的发现丰富了人类的历史。这项重要发现说明在探索人类历史这方面，还有很多空白等待我们去填补，还有很多未知等待我们去破解。谁知道古生物学的下一个发现又会给我们带来什么呢？

距今约 1 万年前，现代人学会了耕种，从猎人变成了农民。当现代人学会耕种后，他们便逐渐定居下来（即长期居住在某个地方）。就这样，部落在大河沿岸聚集，形成了最早的村落。社会组织就这样慢慢形成了。大约在 5000 年前，人类发明了文字。对历史学家来说，文字的出现，标志着史前时代的结束和文明时代的开始。

未来的生命

关于生命的历史，我的讲述到这里就结束啦！之所以说是“我的讲述”，是因为生命的历史并非在这里就结束了。地球是有生命的。从它被创造的那一刻起，它就一直在变化，并将在未来的数百万年里继续改变。那些最能适应环境变化的微生物、植物和动物，将经受住未来的各种考验存活下来，进化成完全不同于今天的无数新物种。所以说，生命的历史还长着呢！更何况，科学知识也在不断进步。尽管世界上还有那么多的未解之谜，但我们对周围世界的了解，每一天都在不断地加深。

研究板块运动的科学家推测，大约在2.5亿年后，美洲大陆将与非洲大陆相撞，从而创造出一个新的超大陆——终极盘古大陆。随着山脉隆升、森林消失、沙漠形成，地球的气候和构造特征将发生巨大改变。地球上的生物也将进一步进化以适应新的环境，就像从前的生物进化那样。

我邀请圣伊西多尔－朗之万学校的小朋友们把他们想象中的未来生物画出来。下面这几张图是他们寄给我的。你想不想把你画的未来生物也寄给我看看？

在过去的300万年里，人类的大脑从未停止发育！毫无疑问，人类利用智慧创造出了许多伟大的事物。因为有智慧，人类制造出了工具，不断更新技术，建造房屋、船只、火车、飞机，甚至探索太空的宇宙飞船。但是，人类的智慧是把双刃剑，它也会给生命带来威胁。比如，人类的活动破坏了地球，浪费了地球资源，对空气、土地、水造成了污染。人类之间还会发动战争，给美丽的地球带来危险。幸好，一切都还来得及挽救。我衷心地希望，当今人类和未来人类能够发挥智慧，找到这些问题的解决方案。

克劳迪娅

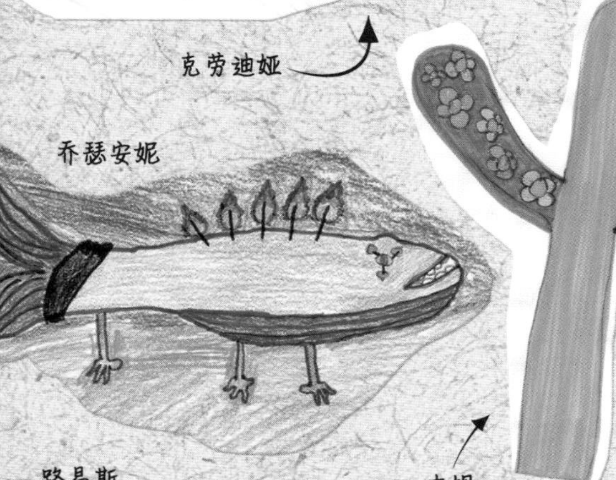

乔瑟安妮

吉姆

路易斯

乔伊

全球人口正在疯狂增长。不幸的是，今天仍有数百万人生活在极度贫困中，连饮用水和药品都成问题，甚至有些人还在饱受战争之苦。我真希望有一天，地球上所有的人都能够互相帮助，让每个人都不用再挨饿，能够满足生活的基本需求，过上平安的生活。

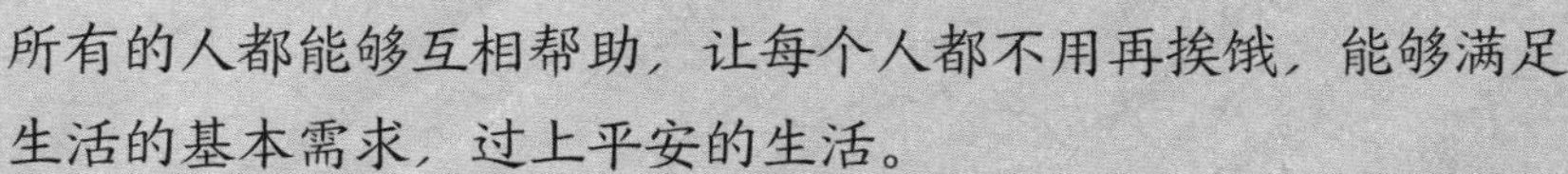

世界人口

150万年前——50万个直立人
6000年前——700万
5000年前——1400万
2000年前——2亿至4亿
约1800年——10亿
1987年——50亿
2020年——76亿

未来人口数量预估

2050年——100亿

我们不知道，也许永远也不会知道，在地球之外的其他星球上是否也存在着生命。地球上那些适合生命诞生的条件真的是巧合吗？还是某种超自然力量的杰作？无论如何，生命都是一件美妙的事情，是一种神奇的恩惠，是宇宙赐予我们的礼物，珍惜生命吧！请记住，每一种动植物都是特别的存在。最重要的是，要爱护我们的地球，如果没有地球，生命的冒险之旅也就无法进行。年轻的智人，我相信你们一定能够做到。

致谢

我要对那些帮助我完成这本笔记的人们表示衷心的感谢：

感谢马丁·波德斯托，她是我的得力助手。衷心感谢她的鼓励，以及长久以来的配合和大力支持。

感谢斯蒂芬妮·兰科特的研究成果和宝贵建议。

感谢埃里克·米莱特的排版建议，他对页面布局的看法非常独到。

感谢里尔·莱维克和马克·拉露米亚提供的艺术指导，他们非常有才华。

感谢娜塔莉·费雷切特在本书创作过程中提供的帮助，还有那些宝贵的鼓励。

感谢玛丽·安妮·莱戈特的慧眼。

感谢吉勒斯·维瑞纳帮我整理照片。

感谢生物学家克里斯蒂安·莱韦斯克，他重新阅读本书，并对书中的科学内容进行审稿把关。当然也要感谢阿尔贝·雅卡尔，他读了本书，并给予了点评。

感谢住在街对面的邻居唐娜·维克特里斯，她帮我把书翻译成了优美的英语。

感谢维罗妮卡·沙米和乔·霍华德对本书进行校对。

感谢卡罗琳、弗朗索瓦和雅克·福汀的包容和信任。

感谢所有给我写信，还有来看望过我的孩子们。你们的鼓励给了我莫大的动力（在此给玛丽·珍妮和尼古拉斯一个大大的拥抱）。

此外，还要特别感谢圣伊西多尔普雷里的圣伊西多尔－朗之万学校五年级的孩子们，感谢他们描绘的未来生物。这些孩子分别是：路易斯、皮埃尔·卢多维克、乔瑟安妮、克劳迪娅、凯瑟琳、吉姆、吉纳维夫、亚历山大、克里斯托弗、乔伊、伊莎贝尔、索菲娅、本杰明、文森特、安东尼、弗朗西斯、奥黛丽、杰西卡、让－菲利普、麦琪、梅根、塞巴斯蒂安、坦尼娅、马克西姆、加布里埃尔和文森特。也要感谢他们亲爱的老师索菲·马洛女士，是她允许孩子们在课堂上画出这些画的。

期待我们再会！

Photos credits

p. 6 tr: Dreamtime © Mark Moxon / **p. 7 cr:** Creation of the animals by Jacopo Tintoretto © Gallery dell'Academia, Veneza (under concession of cultural activities and propeties minister) / **p. 8 bl:** Murchison's comet © 2001 New England Meteoritical Services / **p. 9 br:** Stanley Miller' slaboratory © SIO Archives/UCSD / **p. 10 br:** Buffon - Natural History © Kyoto University Library / **p. 11 br:** National Museum of Natural History © MNHN photo F.Dumur et J. Leborgne / **p. 12 cc:** Darwin, Charles Robert © Helmolt, H.F., ed. History of the World. New York: Dodd, Mead and Company, 1902 / **p. 16 bl:** Linnaeus - Systema Naturae (cover) © Kyoto University Library / **p. 16 bl:** Linnaeus - Systema Naturae (illustration) © The Danish University of Pharmaceutical Sciences / **p. 18 cl:** Dragonfly (fossil) © Courtesy of Stone Company.com / **p. 19 tr:** Cave bears' skull © www.fossilmall.com / **p. 19 cr:** Sharks' tooth (fossil) © Courtesy John Adamek EDCOPE Enterprises www.fossilmall.com / **p. 19 bl:** Trilobite (fossil) © Courtesy John Adamek EDCOPE Enterprises www.fossilmall.com / **p. 19 bl:** Tortoise (fossil) © Centre College, Danville, Kentucky, USA / **p. 19 br:** Frog (fossil) © Courtesy John Adamek EDCOPE Enterprises www.fossilmall.com / **p. 23 tc:** Charles Lyell (Engraved portrait) © Bolton, Sarah K.Famous Men of Science. NY: Thomas Y. Crowell & Co., 1889 / **p. 25 cl:** Cyanobacteria - Nostoc sp. © Morgan L. Vis Associate Professor, Ohio University / **p. 25 cr:** Stromatolites © Yoshi Shimamura / **p. 26 tr:** Protist - Diatom © Courtesy of Eric Condliffe / **p. 26 br:** Sponges © Florida Keys National Marine Sanctuary/NOAA Photo Library / **p. 29 cr:** Trilobite (fossil) © Courtesy John Adamek EDCOPE Enterprises www.fossilmall.com / **p. 32 tr:** Coral Reef © Florida Keys National Marine Sanctuary/NOAA Photo Library / **p. 44 tr:** Iguanodon (sculpture) © Brian Glover, Stone Museum of Geology / **p. 50 cr:** Koala © Lone Pine Koala Sanctuary, Brisbane Australia www.koala.net

---

Unless otherwise mentioned, photos are identified as follow: **t** top - **c** center - **b** bottom - **l** left - **r** right

神奇教授的科学笔记

更多神奇笔记等你来发现……

《数学、物理、化学》

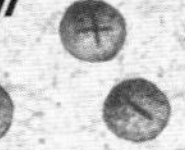

走进迷人的数理化

数字、形状、逻辑构成的奇妙数学，从微小粒子延伸到浩瀚宇宙的神秘物理，研究世间万物组成与变幻的五彩化学……它们将带你感受科学的无穷魅力。

《宇宙》

走进我们的星辰大海

从地球的昼夜交替到四季轮回，从简单的望远镜到漫游太空的空间探测器，从恒星到太阳系、银河系、星系团……你将看到一个恢弘壮丽的宇宙。

《发现与发明》

看见人类文明发展史

从古老的轮子到时髦的电脑和互联网，从改变世界的伟大发明到生活中随处可见的小物件，从衣食住行到文字与医学……你将看到人类文明的发展与进步。

《人体》

“从头到脚”了解自己

从细胞的有丝分裂到肌肉、骨骼和心脏，从病毒入侵到激活身体的免疫系统，从小小的受精卵到健康活泼的你……你将从多个角度了解自己的身体。

《生命起源》

遇见生命的进化

从古早菌的诞生到人类祖先的出现，从水生植物产生到开花植物的繁盛，从生物自然发生说到达尔文的进化论……你将跨越时间的鸿沟，了解关于生命的故事。

《音乐》

发现音乐里的大学问

从羽管键琴到电子音乐合成器，从贝多芬到比尔·哈利，从巴洛克音乐到电声音乐……你将了解许多闻所未闻的音乐知识，以及隐藏其后的科学道理。

快乐地阅读每一本书吧！最重要的是，永远不要忘记提问，不要停止思考的脚步。保持你的好奇心，大胆地探索所有可能的答案吧。相信我，朋友，你会有意想不到的收获！

神奇教授